U0324601

贵州大白菜

◎ 赵大芹　主编

中国农业科学技术出版社

图书在版编目（CIP）数据

贵州大白菜 / 赵大芹主编 . —北京：中国农业科学技术出版社，2019.6

ISBN 978-7-5116-4252-3

Ⅰ . ①贵… Ⅱ . ①赵… Ⅲ . ①大白菜—蔬菜园艺—贵州 Ⅳ . ① S634.1

中国版本图书馆 CIP 数据核字（2019）第 111996 号

责任编辑 崔改泵
责任校对 马广洋

出 版 者 中国农业科学技术出版社
　　　　　北京市中关村南大街 12 号　　邮编：100081
电　　话 （010）82109194（编辑室）
　　　　　（010）82109702（发行部）　（010）82109709（读者服务部）
传　　真 （010）82106650
网　　址 http：//www.ca stp.cn
经 销 者 各地新华书店
印 刷 者 廊坊佰利得印刷有限公司
开　　本 710mm×1 000mm
印　　张 11.75
字　　数 210 千字
版　　次 2019 年 6 月第 1 版　　2019 年 6 月第 1 次印刷
定　　价 50.00 元

编委会

主　　编　赵大芹

副 主 编　王天文　邓　英　彭剑涛

编　　者　赵大芹　王天文　邓　英　彭剑涛

　　　　　李桂莲　孟平红　谷晓平　左　晋

　　　　　董恩省　李琼芬　谭　文　朱子丹

　　　　　马关鹏　周麟笔　杨　扬　李锦康

审　　稿　赵大芹　李桂莲　彭剑涛

目　录

第一章

贵州省大白菜发展概况

　　贵州省立农事试验场 1913 年设立园艺部时即有蔬菜试验研究，1936 年在园艺部之下设有蔬菜区开展大白菜研究工作，搜集安顺白菜、贵阳卷心白菜等品种在生产上应用。20 世纪 50 年代，引种鉴选出大白菜品种'北京大青口''青口白'等在生产上应用。20 世纪 60 年代，从华东及华北引进的品种中鉴选出'包头青''天津麻叶'两个品种在生产上推广。1979 年贵州省农业科学院园艺研究所成立，蔬菜品种资源研究列入国家攻关计划，贵州省农业科学院园艺研究所参与该项工作，对贵州省各县（市）的蔬菜品种资源进行了全面的调查和征集种子，将征集到的大多数品种在所内进行种植鉴定，共栽培观察品种 1 410 个，确定出具有代表性的品种 855 个，分别记载其性状、来源及分布，入编《国家蔬菜品种资源目录》，并将部分优良种质送国家品种资源库保存，其中白菜类入编 45 个；同时由山西引进'晋菜 2 号''晋菜 3 号'等品种；其中，'晋菜 3 号'成为贵州各地的主栽品种。20 世纪 90 年代至今，大白菜作为贵州省园艺研究所主持的蔬菜育种攻关的主要种类，进行了大白菜自交系、自交不亲和系及雄性不育系的选育，培育出许多优良的自交系、自交不亲和系及雄性不育系；利用小孢子培养技术创制优良 DH 系。用这些优良的亲本材料选育出正季高产优质的大白菜杂交一代种'黔白 1 号''黔白 2 号'于 2000 年通过贵州省品种审定。针对贵州夏秋、秋冬大白菜基地生产及消费习惯需求，采用自交不亲和系配制而成丰产、抗病、优质、符合消费者口味等特点的'黔白 3 号''黔白 4 号'，耐热的早熟和中早熟品种'黔白 6 号''黔白 7 号'通过贵州省品种审定；同时引种鉴选出'兴滇 1 号''兴滇 2 号''高抗王 AC-2'等品种在生产上推广应用。2008 年贵州省遭遇近 57 年来持续时间最长、气温最低、受灾面积最大、受灾程度最深的一次低温凝冻天气，使贵州省蔬菜大面积受冻，给贵州蔬菜生产造成了严重的影响。为了摸清蔬菜受灾情况，贵州省园艺研究所组织蔬菜专家深入重灾蔬菜主产区实地考察了解灾情，在海拔 2 300 m 地域发现了抗寒性耐抽薹性特强大白菜珍贵的地方品种资源，为大白菜开展抗（耐）寒耐抽薹品种选育工作提供了基础材料，通过杂交育种加代定向选择，结合生理生化及生物技术手段，选育出大白菜极抗寒耐抽薹早、中熟系列品种'黔白 5 号''黔白 8 号''黔白 9 号''黔白 10 号'，先后于 2011—2013 年通过贵州省品种审定，在生产上大面积示范推广，2012—2018 年累计示范推广约 70 万亩。原贵州农学院选育并审定的耐抽薹品种'冬春 16 号''冬春 17 号'在生产上有一定面积。这些抗寒耐抽薹大白菜新品种育种工作的突破，为贵州大白菜冬春、早春、春夏错季栽培奠定了良好的基础。另外，贵州省园艺研究所还引种鉴选出韩国'强势''春夏王''健春'等品种在生产上推广应用。研究总结出大白菜配套春夏错季栽培、中高及高海拔地区夏秋错季栽培、大白菜与其他作物间套作等技术在生产上进行示范、推广应用，并创夏秋错季栽培亩产 1.1 万 kg 全国最高单产及春夏错季栽培亩产 0.9 万 kg 产量。

20 世纪 50 年代贵州大白菜种植面积较小，60 年代后，生产面积不断扩大，到 70 年代中期以后，全省各地纷纷重视大白菜生产，加速了大白菜优良品种推广和丰产栽培技术开发，农民的栽培经验不断丰富，特别是大白菜杂交种的大面积推广，推动了大白菜生产的进一步发展。2000 年以后，随着农业种植业结构调整，贵州大白菜栽培面积迅速发展，特别是夏秋大白菜、春夏或早春错季大白菜发展，又促进了大白菜生产的新发展，由以往单一的秋冬季栽培发展为秋冬栽培、早春栽培、春夏栽培、夏秋栽培的周年生产，实现了贵州大白菜周年供应，并有部分产品销往省外。特别是近年来，贵州省深入推进脱贫攻坚、同步全面小康和乡村振兴战略，明确将蔬菜、茶叶、生态家禽、食用菌、中药材五大产业作为农业产业发展的重要抓手，并将蔬菜产业排在五大产业之首。据贵州省农业委员会统计，2018 年贵州省蔬菜种植面积约 2 040 万亩次，总产量约 2 800 万 t，总产值约 806 亿元。2018 年贵州大白菜全年播种面积约 157 万亩次，仅次于辣椒种植面积，排名第二，全年总产量约 287 万 t，总产值约 72 亿元，种植规模大，效益好，覆盖面广。贵州 2 月正季大白菜开花，3—5 月是全国蔬菜淡季，特别是大白菜淡季，在不同生态区早春、春夏错季栽培，经济社会效益显著。如罗甸县等海拔 600 m 以下区域，1 月平均气温大于 8.7 ℃地区，头年 11 月播种，小拱棚或大棚育苗，翌年 3 月采收；1 月中旬到下旬播种，大棚育苗，产品 4 月初到 4 月中旬上市。贵阳、安顺、遵义、黔西南、黔南、黔东南等市（州）中及中高海拔地区，1 月平均气温 4～6 ℃，2 月播种，大棚或大棚加小拱棚育苗，产品 4 月下旬至 5 月中旬上市。而毕节市等高海拔地区，1 月平均气温 1.7～3.5 ℃，3 月播种，小拱棚、大棚或大棚加小拱棚育苗，产品 5 月中下旬至 6 月初收获。珠江、长江流域及东南沿海地区夏秋季节受高温、台风、暴风雨等灾害性天气影响频繁，种植大白菜生长不良，病虫害严重，不但增加生产成本，而且农药残留容易超标，在贵州中高、高海拔地区夏秋较凉爽，具有"天然空调"气候资源优势，夏秋错季栽培大白菜，4—7 月播种，产品于 6—10 月分批收获上市，产品质量高，经济社会效益十分显著。这些产品面向周边火炉城市重庆、长沙、武汉以及广州、深圳为代表的华南和港澳台等地区销售，市场前景好。贵州生态类型多样，利用立体气候特点，大白菜在贵州错季栽培，选择适宜品种，采用配套栽培技术，加上 8 月至 9 月中旬播种的正季栽培，11 月至翌年 2 月上市，可排开周年播种，周年生产，周年供应，面向省内外市场，发展前景十分广阔。

（王天文）

第二章
贵州省大白菜错季栽培气候适宜性区划

　　大白菜又名结球白菜，属十字花科芸薹植物，是芸薹属中能形成叶球的一个亚种，大白菜生产要求温和冷凉的气候条件。然而，大白菜属于萌动种子春化感应型，即在种子萌动时就可以感受低温条件而通过春化过程。经大量研究结果表明，大白菜春化过程对温度要求不很严格，一般在温度 10 ℃以下时，10～20 d 即可完成。大白菜不同的变种、品种对温度的要求有一定的差异。同时，如果早春播种过早或秋季播种过晚容易通过春化作用，出现先期抽薹现象，直接影响错季大白菜生产及产量。因此，在贵州要实现大白菜错季栽培，就必须选择合适的播期及适宜的品种。

　　贵州省农业科学院园艺研究所针对大白菜错季栽培开展了多年试验，目前已实现贵州省内春夏、夏秋等错季生产。贵州省受海拔和地形的影响，在同一个季节，温度分布均存在明显的差异。因此，在大白菜错季栽培中，同一个季节播种，不同气候带、不同海拔高度的地区，由于热量条件的差异，均需采用不同的播种期、定植期，合理利用气候资源，避免大白菜先期抽薹的发生。同时，应根据热量条件的分布情况选择耐抽薹的品种，确保大白菜能错季栽培，形成高效生产。

　　本章针对贵州省农业科学院园艺研究所大白菜课题多年选育的'黔白5号''黔白8号''黔白9号''黔白10号'等冬性强、特耐抽薹的品种，进行贵州省大白菜错季栽培气候适宜性区划。

　　贵州省大白菜错季栽培主要分为春夏、夏秋等。错季栽培播种时间一般在晚秋、早春、春夏等时段，根据各时期全生育期温度条件的对比分析，结合贵州大白菜错季栽培试验、示范、生产结果，得出晚秋播、早春播及春夏播错季栽培大白菜适宜播种期指标。

一、晚秋播

（一）晚秋播适宜播期指标

晚秋播种的贵州大白菜3月可采收上市，可填补蔬菜上市的淡季，获得经济效益。大白菜生产对耐抽薹性要求极为严格，因此，贵州晚秋播种大白菜预防先期抽薹至关重要。根据贵州省农业科学院园艺研究所多年选育的品种'黔白5号''黔白9号'等冬性强、特耐抽薹品种在贵州省不同海拔地区栽培试验结果可知，当晚秋播大白菜积累到一定的冷积温时，大白菜就将通过春化作用，发生先期抽薹。因此，选取10月下旬至翌年3月下旬逐日平均气温，计算此期间逐日平均气温<6℃的冷积温，公式如下：

$$LJW = \sum (6 - T_i) \text{（当 } T_i \geqslant 6 \text{ ℃时，取 } T_i = 6 \text{ ℃）} \tag{1}$$

其中，T_i 为日平均气温，LJW 为10月下旬至翌年3月下旬<6 ℃的冷积温。LJW 值越低，代表冬季热量条件越好，播种可推后，反之，需提前播种。同时，根据近十年秋播大白菜发生先期抽薹试验结果确定当冷积温>208.8（℃·d）时，不适宜秋播大白菜（表2-1）。

表2-1　贵州省大白菜晚秋播种适宜播期区划指标

LJW（℃·d）	播期
≤15	10月下旬至11月底
15 < LJW ≤46.5	10月中下旬至11月中旬
46.5 < LJW ≤84.8	10月中旬至11月初
84.8 < LJW ≤140.0	10月上旬至10月下旬
140.0 < LJW ≤188.0	9月下旬至10月初
188.0 < LJW ≤208.8	9月中旬至9月下旬

（二）贵州大白菜晚秋播适宜播期气候区划

从图2-1可以看出，贵州省南部边缘地区及西北部赤水河谷低海拔地区 LJW≤15（℃·d），其中罗甸县、望谟县、册亨县、赤水市、兴义市等低热河谷地带，该区域的 LJW 均在0~15（℃·d），大白菜晚秋播种全生育期内热量条件好于全省其他地区，适宜在10月下旬至11月底播种，播种时应采用露地或小拱棚育苗，在翌年3月上旬至中旬采收。15<LJW≤46.5（℃·d）

主要分布在贵州省西南部大部，如兴仁、安龙、贞丰等县的低海拔区域，大白菜晚秋播种全生育期内热量条件较好，适宜在 10 月中下旬至 11 月中旬播种，播种时应采用露地或小拱棚育苗，在翌年 3 月上旬至中旬采收。46.5＜LJW≤84.8（℃·d）的区域主要分布在贵州省中西部、南部、东部及中北部的中低海拔区域，热量条件略差于省之南部低海拔区域，播期应适当提前，适宜在 10 月中旬至 11 月初就完成播种，仍可保证在翌年 3 月上旬至中旬采收。84.8＜LJW≤140.0（℃·d）主要分布在贵州省中部一线及遵义市、黔东南州、铜仁市的中海拔地区，该区域冬季易受冷空气影响，热量条件略差，适宜在 10 月上旬至 10 月下旬就完成播种。140.0＜LJW≤188.0（℃·d）主要分布在毕节市大部、开阳县、瓮安县、习水县的中高海拔区域，该区域由于海拔相对较高，大部分在 1 500～1 900 m，冬季受热量条件影响，播期应提前至 9 月下旬至 10 月初播种。188.0＜LJW≤208.8（℃·d）分布在威宁县、赫章县、钟山区、水城县的高海拔地区，冬季因温度偏低于全省其余地区，适宜播期应在 9 月中旬至 9 月下旬，确保在翌年 3 月上旬至中旬能正常成熟采收，以填补初春大白菜淡季，获得经济效益。

图 2-1　贵州大白菜晚秋播适宜播期气候精细化区划

二、早春播

（一）早春播适宜播期指标

早春播种的贵州大白菜，4 月初至 5 月可采收上市。早春播种因前期低温可让大白菜完成春化，后期高温长日照，易导致大白菜未熟抽薹而减产甚至绝收。因此，该季栽培对大白菜品种要求严格，不同气候带、不同海拔也应选取不同的播期。

根据贵州省农业科学院园艺所多年选育的品种'黔白 5 号''黔白 8 号''黔白 9 号''黔白 10 号'等冬性强、特耐抽薹品种试验、示范、生产结果，选取 1 月 21 日至 5 月 31 日为评价时段，若此期间日平均气温（Ti）满足连续 7 d≤6 ℃，则大白菜就会通过春化出现先期抽薹，因而该区域不适宜春播春夏错季大白菜。

（二）贵州大白菜早春播适宜播期气候区划

从图 2-2 可以看出，贵州省西南部、南部边缘及西北部赤水低热河谷地带，如罗甸县、册亨县、望谟县、兴义市、安龙县、赤水市等低热低海拔河谷地带，海拔高度在 500 m 以下，大部地区 1 月平均温度在 9 ℃以上，其中南部的罗甸、望谟、册亨县为贵州省的无冬区，冬季热量条件充足，适宜 1 月下旬至 2 月初播种大白菜，抢先利用冬季温暖的热量资源，提早播种，实现错季栽培的经济效益。从满足先期抽薹的温度条件发生概率来看（图 2-3），近 30 年，仅安龙县、兴义市、贞丰县、镇宁南部乡镇等低海拔地区发生频率为 50%～75%（30 年内发生 15 次以上）外，其余大部适宜种植区域发生均在 50% 以下，其中西南部边缘地区及赤水河谷地带在 25%（30 年内发生 8 次）以下，因此，在发生频率发生较高地区，应选用特耐抽薹的黔白 5 号品种进行大棚或大棚加小拱棚育苗，可略推迟到 1 月底或 2 月初播种，确保大白菜正常结球。

贵州省西南部大部、东南部边缘的低海拔地区，如安龙县东部、兴仁县中部、普安县南部等乡镇，1 月平均气温在 7.0～9.0 ℃，适宜播种期在 1 月底至 2 月中旬，从满足先期抽薹的温度条件发生概率来看（图 2-3），近 30 年，除兴义市西北部、安龙县东部边缘等乡镇发生频率 50%～75%（30 年内发生 15 次以上）外，其余大部适宜种植区域发生频率均在 50% 以下，因此，在发生频率发生较高地区，同样需选用特耐抽薹的黔白 5 号品种进行大棚或大棚加

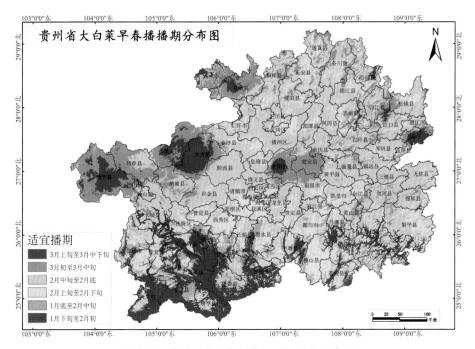

图 2-2 贵州省大白菜早春播播期分布示意图

图 2-3 贵州省大白菜早春播先期抽薹发生频率分布示意图

小拱棚育苗，但部分热量条件略少于周围热量较好的乡镇，需要适当地延缓播期，如2月上旬至2月下旬播种。

贵州省中西部、南部的中低海拔地区，如普定县、西秀区、惠水县、独山县、平塘县、三都县的部分乡镇，1月平均气温5.0～7.0℃，适宜播种期在2月上旬至2月下旬，从满足先期抽薹的温度条件发生概率来看（图2-3），近30年，除中西部地区发生先期抽薹的频率偏高外，贵州省南部中低海拔地区发生频率在50%以下，因此，仍需要大棚加小拱棚播种育苗。

贵州省的中部、东部、北部的大部中海拔乡镇，如播州、福泉、黄平、三穗、湄潭等县（区）中海拔乡镇，海拔高度在1 100～1 500 m，1月平均气温为3.5～5.0℃，适宜在2月中旬至2月底播种，播种期较南部、西南部低海拔地区推迟，避开1月的低温时段，预防先期抽薹。从满足先期抽薹的温度条件发生概率来看（图2-3），近30年，大部分地区发生频率都在50%～75%，发生频率略偏高。因此，在该区域播种必须选用特耐抽薹的黔白5、8、9号品种，同时采用大棚或大棚加小拱棚育苗，提高土壤温度，安全度过温度不稳定时期，确保大白菜正常结球，避免先期抽薹发生。

贵州省西部、中部、东北部大部中高海拔地区，如瓮安县、开阳县、习水县、七星关区等乡镇，海拔高度在1 500～1 900 m，该区域1月平均气温为1.7～3.5℃（图2-4），冬季低温时间长，春季回温较南部地区晚，大部地区在3月后温度逐步稳定回升，适宜在3月初至3月中下旬播种，较低、中海拔推迟近1个月播种，抓住温度回升时段，及时播种，避开1月、2月温度不稳定时段，预防先期抽薹。从满足先期抽薹的温度条件发生概率来看（图2-3），近30年，该区域发生频率都在50%以下，其中大部分都在25%以下，发生频率低。因此，在该区域播种应选用特耐抽薹的'黔白5、8、9号'品种，同时加大棚或小拱棚育苗，提高土壤温度，避免发生先期抽薹。

贵州省西部的高海拔地区，如毕节市的威宁县、赫章县，六盘水的水城县的高海拔地区，海拔高度在1 900～2 300 m，该区域1月平均气温在1.7℃以下，冬季温度较低，入春偏晚，适宜在3月上旬至3月中下旬播种，避开1月、2月温度不稳定时段，预防先期抽薹。从满足先期抽薹的温度条件发生概率来看（图2-3），近30年，该区域发生频率都在50%以下，发生频率低。可采用小拱棚或大棚育苗，避免倒春寒天气对大白菜生产的影响。

图 2-4　贵州省 1 月平均气温分布示意图

三、春夏播

（一）春夏播适宜播种指标

春夏播种的贵州大白菜，6 月中旬至 10 月下旬可采收上市。大白菜为半耐寒性蔬菜，生长发育要求温和冷凉的气候，不耐炎热也不耐严寒。夏季高温天气极不利于大白菜的生长和包心。春夏播种大白菜主要利用贵州省中、高海拔地区夏季凉爽的气候优势，在春夏播种。贵州省夏季月平均气温最高值出现在 7 月，夏季气温过高会影响大白菜的品质及产量。因此，只有在热量条件完全适宜的情况下，选择适宜的播期及耐热品种，才能开展春夏大白菜栽培。根据文献和实验，选取 7 月平均气温作为夏秋大白菜种植气候适宜性区划指标（表 2-2）。

表 2-2　贵州省夏秋大白菜的气候适宜性区划指标

	适宜区	不适宜区
7 月平均气温（℃）	≤24.0	>24.0

（二）贵州大白菜春夏播种气候适宜性区划

从图 2-5 可知，适宜种植春夏大白菜的区域主要分布在贵州省海拔 1 100～2 300 m 的区域。该区域 7 月平均气温在 24.0 ℃以下，为 "天然空调" 地带。气温较低，光照、降水条件适宜，利于大白菜的生长，其余低海拔区域温度偏高，不利于大白菜的生长及结球，不适宜进行大白菜春夏季栽培。

图 2-5　贵州省大白菜春夏播种气候适宜性区划示意图

（谷晓平　左　晋　谭　文）

第三章
大白菜的分类

大白菜起源于中国，栽培历史约两千年，是极为重要的蔬菜。大白菜分类方法较复杂，概括起来有植物学分类与园艺学分类。

第一节　植物学分类及生态型

根据我国几本权威著作的观点，大白菜属于十字花科（Cruciferae）芸薹属（Brassica）芸薹种（B. campestris L.）中能形成叶球的一个栽培亚种。一、二年生草本植物。学名：Brassica campestris L. ssp. Pekinensis（Lour.）Olsson；别名：结球白菜、黄芽菜、包心白菜等。大白菜是中国的特产蔬菜，深受广大消费者喜爱，也是我国栽培面积最大最普通的蔬菜作物，在蔬菜周年均衡供应中占有非常重要的地位。大白菜变种因其起源地及栽培中心地区的气候条件不同，产生了下述的 3 个基本生态型。

1. 卵圆型

又称"海洋性气候生态型"。叶球呈卵圆形，球形指数（叶球高度与横切面直径之比值）为 1.5～2。球顶较尖或钝圆，近于闭合。球叶倒卵圆形至阔倒卵圆形，叶球抱合方式为褶抱或合抱。球叶数目较多，属"叶数型"。这一类型品种要求气候温和、湿润、变化不剧烈的环境，昼夜温差小，空气湿润的气候条件。适应范围较窄，不耐热，不抗寒，不抗旱，抗病性较弱，需充足肥水供应，品质较好。栽培的中心地区为中国的山东半岛，主要分布于胶东半岛、辽东半岛、江浙沿海以及四川、云南、贵州等省温暖湿润地区。代表品种有山东福山包头、胶县白菜、辽宁旅大小根、福山核桃纹、鲁白 6 号等。

2. 平头型

又称"大陆性气候生态型"。叶球倒圆锥形，球形指数近于1，球顶平，完全闭合。球叶为宽倒卵圆形，叶球抱合方式为叠抱。球叶较大，叶数较少，属"叶重型"，它要求气候温和、昼夜温差较大、阳光充足的环境，对气温变化剧烈和空气干燥有一定的适应性。栽培的中心地区为河南中部，山东西部、南部，河北南部，陕西省，江苏省北部等地区。代表品种有河南洛阳包头、山东冠县包头、山西太原包头、甘肃的甘谷包头、鲁白8号等。在福建和江西等地还有一些特别早熟小型的平头品种，如皇京白。

3. 直筒型

又称"交叉性气候生态型"。为海洋性气候和大陆性气候交叉生态型。叶球细长呈圆筒形，球形指数约为4或大于4，球顶钝尖，近于闭合拧抱。球叶长倒卵形。大多生育期较短。栽培的中心地区为河北东部近渤海湾地区，基本为海洋性气候，但因靠近内蒙古，常受大陆性气候冲击，为温和海洋性气候和大陆性气候交叉型，使该生态型形成了对气候适应性强的特点，大多抗病，抗霜霉病及软腐病性强，抗病毒病性中等，耐旱性较强。由于适应性强而容易结球和贮藏，全国各地均有栽培，分布地区广。代表品种有天津青麻叶，天津的大、中、小核桃纹，河北玉田包尖，辽宁河头白菜，小杂56等。

4. 次级类型

这三种生态型之间及与其他变种之间相互杂交，又派生出以下5个次级类型：平头直筒型、平头卵圆型、圆筒型、花心直筒型、花心卵圆型等。

（1）平头直筒型。生长期70～90 d。适应性强，尤适于温和的大陆性气候。分布于北京各地。代表性品种（主要栽培品种）有北京大青口、小青口、抱头青、拧心青等。抗病及耐寒性强。需肥量大，耐贮藏。

（2）平头卵圆型。生长期100～110 d。适于温和海洋性气候，适应性强、抗病性、贮藏性均强。主要产于山东半岛与内地毗邻地区。近年各地也有引种。代表性品种有山东的城阳青等。

（3）圆筒型。生长期100～110 d。适于温和海洋性气候。适应性、抗病性、贮藏性中等，产于山东半岛北部及其他地区。代表性品种有黄县包头、栖霞包头、莱芜包头等。

（4）花心直筒型。生长期约90 d。适宜大陆性气候，适应性强，抗病性中等，耐贮藏。产于山东沿津浦线各地。代表性品种有德州香把子、泰安青芽和黄芽等。

（5）花心卵圆型。生长期 100～110 d。适于大陆性气候。本品种适应性很强，抗病性中等，耐贮藏。产于山东沿津浦线南段各地。代表性品种有肥城花心、滕县狮子头等。

以上变种、生态型和次级类型构成了中国大白菜的品种系统。需指出的是，上述常规品种的栽培多集中在原产地。现大面积栽培的品种是各地育成的杂种一代（F_1），已早、中、晚配套，生产上可根据不同需要进行选择。

第二节　园艺学分类

一、根据叶球的形态分类

大白菜的球形高度、横径及球顶形状构成了叶球不同形态，其综合分类如下。

（1）近球形。高与横径相近，形状似球，如定县包头、北京小杂 50 等。

（2）卵圆形。顶圆，上部稍小下部大，形似卵，如福山包头、京夏 2 号等。

（3）倒锥形。顶圆，上部较大下部小，形似锥，如正定二庄、秦白 2 号等。

（4）炮弹形。顶尖，顶部较细，向下逐渐变粗，形状似炮弹，有长、中、短之分，如内蒙古长炮弹、玉田包尖等。

（5）橄榄形。两头尖，中部粗，形状似橄榄，如赣州黄芽白等。

（6）直筒形。顶圆或尖，上下近等粗，形状似圆筒，有长、中、短之分，如北京新 3 号，青麻叶等。

二、按熟性分类

根据从播种到商品成熟的天数进行分类：极早熟＜55 d；早熟 56～65 d；中熟 66～75 d；中晚熟 76～85 d；晚熟＞85 d。

三、按球叶的数量与重量分类

由于大白菜叶球的重量主要是由球叶的数量和各叶片的重量构成，因此根据球叶的数量及其重量所占叶球的比例不同，分为叶重型、叶数型和中间型三个类型。

（1）叶重型。指长度在 1 cm 以上的球叶数不超过 45 片，但叶球外部的单叶重量与内部的叶片重量相差悬殊，对叶球重起决定性作用的叶片主要是第1片至第15片球叶的重量，再向内的叶片虽然数量多，但对整个叶球的重量影响不大。直筒型和部分平头型品种多属于此类。

（2）叶数型。指长度在1 cm以上的球叶数超过60片，球叶数较多而单叶较轻，叶片的中肋较薄，主要靠叶片数增加球重。卵圆型品种多属此类。

（3）中间型。介于叶数型和叶重型之间，如某些直筒型、叠抱型品种属于此类。

四、按照中肋颜色分类

分为青帮型、白帮型和青白帮型，主要依据叶柄中的叶绿素含量多少分类。一般来说青帮品种比白帮品种抗逆性强，水分含量少，干物质含量较多。

五、按照栽培季节分类

我国大白菜按照栽培季节主要分为春播型、夏播型和秋播型3个季节型。春播型品种冬性和耐寒力强，不易抽薹，在二季作地区为春季栽培，在高原和高山地区作春夏播种栽培，多属于早中熟品种，如春大将、春夏王等。夏播型品种耐热和抗病能力强，多在夏季至早秋栽培，如夏阳、青夏1号等。秋播型品种在二季作地区秋季大量栽培、贮藏，供冬季及早春食用，多属结球白菜中的中晚熟品种，品种甚多，栽培最为普通。

第三节　贵州大白菜主要栽培季节

贵州立体气候明显，相对来说冬暖夏凉，加之培育出了适宜贵州夏季栽培的耐热品种，特别是培育出适宜冬春及早春栽培的特耐抽薹品种，加之与配套栽培技术结合，基本实现了大白菜的周年生产和周年供应。贵州大白菜按播种期可分为秋播、晚秋播、早春播、春播、晚春播、夏播及早秋播等。

贵州大白菜按照栽培季节可分为以下几个主要栽培型品种。

1. 正季大白菜

即传统的秋冬大白菜品种，立秋前后播种，冬季上市。我国大白菜以秋冬栽培为主，各地广泛栽培，类型品种多，分别有各种叶球形态的早中晚熟品种。

2. 春大白菜

指冬性强，不易抽薹，耐寒，丰产的品种。这类耐抽薹品种能在春季上市，填补春淡市场。按抽薹早晚和供应期又分为早春菜和晚春菜。根据贵州的栽培季节可分为：

（1）早春菜：晚秋播种越冬栽培早春3月上市。要求品种的耐抽薹性要特强，经越冬栽培极不易先期抽薹，能在早春3月正常包心上市填补春淡市场。

（2）春大白菜：早春1—3月播种，4月上旬至5月底上市，填补全国性的春淡市场。要求品种的耐抽薹性要特强或强。

（3）春夏大白菜：晚春3—4播种，5—6月春季至初夏淡季供应，增加市场花色品种，要求品种的耐抽薹性要强或较强。

3. 夏大白菜或夏秋大白菜

即在夏季或夏秋高温季节播种栽培，夏秋至晚秋全国性大白菜淡季市场上市。要求品种的耐热性要强或较强，又称"火白菜""伏菜"。

参考文献

陈机. 1984. 大白菜形态学 [M]. 北京：科学出版社.

李家文. 1984. 中国的白菜 [M]. 北京：农业出版社.

谭其猛. 1979. 试论大白菜品种的起源、分布和演化 [J]. 中国农业科学，12（4）：68-75.

（赵大芹）

第四章
大白菜育种的生物学基础

第一节 大白菜的植物学特征

一、根系

根系是大白菜从土壤中吸收水分和养分的重要营养器官，同时也是贮存养料的仓库。大白菜的根系较发达，为浅根性直根系，在土壤中分布范围较广，其主根可深达 1 m 左右，但主要分布在 60 cm 以上的土层中。肥大的直根是由胚根发育而来，上粗下细，其上着生两列侧根，上部产生的侧根长而较粗，下部产生的侧根细而短，侧根可分至 5～7 级，多分布在地表以下25～35 cm 的土层中。其主根和侧根的总和构成根系。大白菜根系的水平分布范围主要在距主根 10～20 cm 为半径的范围之内，其主要吸收根群分布在距地表 40 cm 土层内，因此它是浅根性的。主根和侧根的根尖由下而上分为根冠、分生区、伸长区、根毛区和成熟区五个部分。根的生长、根组织的形成、水分与矿物质的吸收，主要在根尖中完成。根尖长 3～4 cm，根毛区占总长的3/4 左右。中柱由中柱原分化，范围较小，中柱原的一部分细胞分化为初生木质部和初生韧皮部，其余细胞停留在基本组织状态，并保持分化的潜能。中柱的功能在于输导水、无机盐和有机养分，还具有机械支持的作用。

大白菜的根系由小到大逐步形成。在大白菜的发芽期主根可伸长 8～10 cm，并可发生少量的侧根。在幼苗期结束时，主根可深达 50～60 cm，而且侧根发育迅速，可伸展到 40～50 cm 的范围，侧根分级达 3～4 级。莲座期结束时，主根向深处生长速度减弱，侧根分化迅速，5～7 级侧根发育旺盛。结球初期侧根 6～7 级大量发育。在温度、湿度适宜的条件下，地表可出现白茸茸的分根，根系吸收水、肥能力迅速加强。至结球中期，根系不再发展，并逐渐趋于衰老。

二、茎

大白菜的茎在不同的发育时期形态不相同，在营养生长时期的茎称为营养茎，或短缩茎，进入生殖生长期抽生为分枝的花茎。营养茎是指在大白菜营养生长阶段，居间生长很不发达的茎结构，呈短锥状或近圆形，节和节间区别不明显，有密集的叶痕，茎短缩、肥大，皮层和心髓比较发达。花茎是指大白菜生殖生长阶段形成的茎。花茎上有明显的节和节间，在节上生有绿色的同化叶，茎绿色，多数品种覆有蜡粉。

（一）营养茎

营养茎的最外层是表皮层，表皮层以内为皮层。皮层较发达，由薄壁细胞所构成。皮层内层为内皮层，内皮层以内为中柱。薄壁细胞构成茎中央部分的髓。在发达的髓部周围有一圈大小不等的维管束。维管束为外韧维管束，有比较发达的次生结构。韧皮部含有筛管、伴胞和薄壁组织细胞。木质部由螺纹、环纹和梯纹导管及薄壁细胞组成。韧皮部和木质部都无纤维。

在大白菜子叶出土后，顶芽生长锥有明显的圆锥形轮廓，原套与原体结构非常明显。在发生第1片真叶的同时，生长锥上陆续发生叶原基，短缩茎不断膨大，横径可达4～7 cm，心髓很发达。莲座末期至结球初期已分化出花原基和一些幼小的花芽，为转入生殖生长做好准备。

（二）花茎

到了生殖生长期，短缩茎顶端抽生花茎，俗称抽薹，薹高60～100 cm。花茎可分枝1～3次，下部分枝较长，上部分枝较短，使植株呈圆锥状。花茎淡绿至绿色，表面有蜡粉。大白菜的花茎有表皮、皮层，其内皮层分化不明显，中央部分有髓。表皮细胞排列紧密，有少量气孔，外方覆有角质层。皮层由薄壁组织组成，近表皮的细胞中有少量的叶绿体。皮层中没有机械组织，偶尔可看到叶迹。维管束大小不一，围成一环。它们的构造和营养茎的构造相同。髓为大型的薄壁组织细胞所组成。

三、叶

大白菜的叶既是进行光合作用、气体交换和蒸腾作用的主要器官，又是营养贮藏器官和产品器官。大白菜的叶具有典型的多型性，在大白菜植株生长发育的不同阶段，发生的叶片形态有明显差异，最先长出的是两片肾形的子叶，然后与子叶垂直呈"十"字形生出两片椭圆形的基生叶，以后植株开始生长真叶。大白菜各个时期的叶可分为子叶、初生叶、莲座叶、球叶和茎生叶 5 种形态。

（一）子叶

大白菜的子叶为肾形，2 片，表面光滑，叶缘无齿，有明显的叶柄。子叶属于胚性器官，在种子内呈卷叠状。当种子萌发胚轴伸长后，子叶向上伸展，拱出土面。

子叶变绿前，其叶面有上下表皮，表皮上有少量气孔，外面有一层角质层。上表皮内有 3～4 层排列整齐的长柱状细胞，无间隙。在两层柱状细胞之间是一些薄壁细胞。当子叶出土接受阳光后，逐渐变为绿色，开始进行光合作用，叶肉细胞由叶片边缘向中脉方向分化，上表皮内的长柱形细胞分化成栅栏组织，下表皮内的短柱形细胞分化成海绵组织。在栅栏组织和海绵组织之间的薄壁细胞中分化出维管束。

（二）初生叶

大白菜幼苗最初形成的两片真叶称初生叶，也称基生叶。初生叶对生，与子叶垂直排列成"十"字形，老百姓俗称"拉十字"。初生叶长椭圆形，锯齿状叶缘，有羽状或网状脉。初生叶是在子叶出土后开始分化的，有明显的叶柄，但无托叶。其主叶脉发达，有 5 个较大的主脉维管束。表皮外有角质层，有的表皮细胞膨大形成泡状，使叶面高低不平，还有少量单细胞的表皮毛。在上下表皮与叶脉维管束之间为大型薄壁细胞，含有少量叶绿体，细胞间有间隙，无机械组织，维管束不发达。

初生叶叶片较薄，栅栏组织和海绵组织差别较小，细胞排列疏松，有发达的细胞间隙，细胞中含有叶绿体。叶缘的叶肉细胞不分化，只是一些薄壁细胞。

（三）莲座叶

两片初生叶以后到球叶出现之前发生的叶片称为莲座叶。着生在短缩茎上，呈莲座状排列。莲座叶叶片肥大，皱褶不平，叶片深绿色、绿色或浅绿色等，板状叶柄明显，羽状网状叶脉发达，是大白菜的主要同化器官，并对叶球起保护作用。

莲座叶的栅栏组织与海绵组织分化明显，有大量的叶绿体。维管束发达，尤其是叶柄及中脉维管束的次生结构十分发达。表皮细胞大小不一，排列不齐，有的表皮细胞膨大呈泡状，细胞之间以波状壁互相连接。有的表皮细胞分化成气孔器，有 2 个保卫细胞及 3～4 个副卫细胞。气孔较多，其下方有气腔与叶肉细胞间隙相通。

莲座叶的性状特点是鉴定品种的重要依据。

1. 株型

结球初期观测外层莲座叶与地面所成的角度，有直立、半直立、平展三种株型。

（1）直立：外层莲座叶与地面所成角度 60° 以上。

（2）半直立：外层莲座叶与地面所成角度 30°～60°。

（3）平展：外层莲座叶与地面所成角度 30° 以下。

2. 叶片长与宽

指结球后期，最大外叶的长度和宽度。

3. 叶形

莲座期观测最大叶长、叶宽数值计算叶形指数（最大叶长／最大叶宽），根据指数判断叶形。

4. 叶色

莲座期观测莲座叶并对照标准比色板和实物进行颜色标定。

5. 叶的光泽

莲座期观测莲座叶表面光泽程度，有弱、强之分。

6. 茸毛

莲座期观测莲座叶表面着生茸毛状况，有无、少、多之分。

7. 叶缘波状

莲座期观测莲座叶叶缘波折状态，有全缘、小波、中波、大波之分。

8. 叶缘锯齿

在莲座期观测莲座叶叶缘缺刻状态，有全缘、钝锯、单锯、复锯之分。

9. 叶面皱缩

莲座期观测莲座叶叶面皱缩状态，有平、稍皱、多皱、泡皱之分。

10. 叶脉鲜明度

莲座期观测莲座叶叶片表面叶肉和叶脉颜色对比程度。

11. 中肋（叶柄）色

结球后期，观测最大莲座叶中肋颜色，分白、绿白、浅绿、绿四种。

12. 中肋（叶柄）形状

结球后期，观测最大莲座叶中肋基部 3 cm 处横切面的形状，有较平、中、鼓三种。

（四）球叶

球叶硕大柔嫩，叶柄肥大，皮层厚。外面几层球叶能见到阳光，含有叶绿体，呈绿色或浅绿色；内部叶片多呈淡黄色或白色。球叶通常以多种折叠方式生长。球叶的外层叶比内层叶厚，外层叶中的栅栏组织和海绵组织有明显区别，细胞较大，含有叶绿体，角质层明显，气孔较多，有较多的表皮细胞膨大成泡状，维管束发达。叶球内层叶片中的栅栏组织和海绵组织没有明显区别，细胞较小，维管束不如外层叶发达，木质部导管很少。

（五）茎生叶

茎生叶为花茎上生长的叶片。其叶片较小，先端尖，基部宽，呈三角形，叶片抱茎而生，无叶柄。顶生叶叶面光滑，叶缘锯齿少，表皮有一层排列整齐的细胞，细胞较莲座叶和球叶的小，很少有膨大的泡状细胞，气孔密度大，角质层厚。栅栏组织和海绵组织分化明显，含有较多的叶绿体。

四、叶球

大白菜的产品器官是叶球。叶球是由顶芽发育而成的，也就是说，食用器官是一个贮藏养分和水分的巨大顶芽。随着大白菜的生长，顶芽上的叶原基长成叶片，向心抱合成一个大的叶球。叶球是大白菜最重要的食用部分，其性状特点也是鉴定品种的重要依据。

1. 叶球的形状

在收获期观测的叶球外观形状。有平头形、球形、倒锥形、头球形、筒形、牛心形、炮弹形等。

2. 叶球的高度与宽度

在收获期测量的叶球最大高度与宽度。

3. 球顶部抱合状态

在收获期观测叶球顶部的抱合状态。

（1）舒心：叶球叶片以褶褶方式抱合，呈翻心或花心状。

（2）拧抱：叶球叶片中肋向一侧旋拧。

（3）合抱：叶球叶片两侧和上部稍向内弯曲，叶尖端接近或稍超过中轴线。

（4）叠抱：叶球外球叶向内扣抱，远超过中轴线，把内球叶完全掩盖。

4. 球顶部形状

在收获期观测的叶球顶部形状。有平、圆、尖等。

5. 叶球颜色

收获期观测的叶球中上部球色。有白、浅黄、浅绿、绿、紫红等。

6. 叶球内叶颜色

收获期观测的叶球纵剖面中上部主体色。有白、浅黄、黄、橘黄、紫红等。

7. 中心柱形状

收获期观测的叶球纵剖面中心柱形状。中心柱形状是大白菜晚抽薹性指标之一，随着时间的推移，中心柱均会发生不同程度变尖、伸长。中心柱形状有扁圆、圆、长圆、锥形等。

五、花和花序

（一）大白菜花的形态结构

大白菜属于完全花植物。每一朵花由花梗、花托、花萼、花冠、雄蕊群、雌蕊和蜜腺组成。花梗是花与花组轴相连的中间部分。花梗的上部逐渐膨大，顶部是花托，花托是花被、雄蕊群和雌蕊着生的地方。花萼位于花朵的最外层，是包被在花最外方的叶状体，外形狭长，微内卷似船形，共 4 枚，排列成内外 2 轮。蕾期萼片为绿色，开花后逐渐转淡呈黄绿色。

花冠位于花萼内侧，由 4 枚离生的花瓣组成，呈一轮，与花萼相同排列。未开放时各枚花瓣相互覆盖，为覆瓦状，折叠非常紧密。开花时，花瓣逐渐平展呈十字形排列，花瓣间完全分离或两侧相互重叠，属十字形花冠，其色泽一般为黄色，也有呈淡黄、深黄或乳白色的。花瓣基部窄条形，上部半圆形或椭圆形，边缘全缘或呈波状，表面光滑或有皱褶。雄蕊群着重于雌蕊子房基部，位于花冠内方，由 6 枚雄蕊组成，四长二短，称为四强雄蕊。雄蕊排列成 2 轮，内轮雄蕊 4 枚，花丝较长，着生在子房基部相对的两侧，位置稍高；外轮雄蕊 2 枚，花丝较短，长度仅为子房长度的 1/2，着生在另外相对的两侧，位置较低。每一枚雄蕊包括花药和花丝两部分。花药呈肾状形，着生于花丝顶端，四室，大白菜开花后花药沿裂缝呈外向开裂，散出黄色花粉，主要由昆虫或风力传粉；花丝细长，无色。雌蕊由柱头、花柱和子房三部分组成，位于花的中心，由 2 个合生心皮构成复雌蕊。子房上位，2 室，有假隔膜。弯生胚珠多个。雌蕊的柱头呈圆盘状，由 2 个柱头愈合而成，中央凹陷，表面有一层发达的乳头状突起茸毛，细胞壁薄，从横切面可见乳突细胞核。茸毛下方有一些纵向伸长的薄壁细胞，原生质浓厚，细胞较小，排列紧密，与花柱的引导组织相接。开花前乳头细胞相互靠得很紧密，到开花前 1～2 d 逐渐展开，已可接受花粉。开花后花粉粒落在柱头上，如果条件适合当天就可萌发。通常在开花后1~3 d柱头上花粉萌发率达到最高峰，3 d以后柱头上的乳突细胞开始萎缩，透明度下降，附着其上的花粉粒有的已破裂，能萌发的花粉明显地减少，至开花7~8 d以后，乳突细胞完全破坏解体，失去受精能力。花柱位于柱头下方，呈短圆柱形。它的纵横面可区分为表皮、皮层、导管和诱导组织。表皮是由一层长方形的角质细胞组成，排列整齐紧密；皮层位于表皮内方，由5~7层正方形的薄壁细胞组成，排列整齐，含有叶绿体，能正常进行光合作用；导管在皮层内部，从柱头下部开始至花柱基部一直通向子房，都明显可见螺纹导管，导管的数量和粗细，随花柱的强弱以及开花后的天数而不同，一般花柱粗壮的导管较明显，数量较多，反之则少；诱导组织在花柱的中心部位，从靠近柱头的部位一直向下延伸，呈漏斗状，由多层排列紧密的细长细胞组成。子房位于花柱下方，呈圆桶形，一般由二心皮组成。受精2~3 d后，胚珠膨大呈灯泡状，此后逐渐增大形成种子，子房发育成为角果。在子房的基部，花丝两侧，生有6个蜜腺，呈绿色圆形小突起。

（二）大白菜花序

大白菜花序属于复总状花序。花序轴的顶端原则上是无限的，在花序顶端上陆续产生出多次的分枝，分枝顶端具有典型的生殖顶端结构，逐渐发育成一个侧枝即花组，每个花组下方生有一片苞片状茎生叶。在花序轴上，生有互生的多数总状单轴花组。花序轴上着生的花组和花组中的花，成熟的顺序是由基部向顶部发展，从而形成一个单轴的复合花序。

花原基是由花群或花组的顶端周围产生一些小突起所形成的，由一层原套、两层亚外套细胞和内部的薄壁组织中心区所构成，呈圆锥形，随着体积的增大，渐渐呈平头状。花原基上发生的许多小突起，逐渐长大，形成了花器官。

（三）花的变异

1. 雄性不育

雄性不育在育种中常用来配制一代杂种。雄性不育花的花朵变小，花瓣、花萼、雄蕊、雌蕊均相应变小，尤其是雄蕊退化明显，花药有的退化成丝状或花瓣状，花粉变得很少或没有。在电子显微镜扫描中可以清楚地看到可育花药具有许多颗粒饱满的花粉粒，而且花粉粒形态正常；与此相反，不育花药只有少量形状各异干瘪的花粉粒或没有花粉粒。

2. 自交不亲和（自交不孕）

通常十字花科蔬菜在多代自交后自交结实力会产生不同程度的降低，从而优先接受异花花粉结实。多年来这一特性被育种者所利用，选育自交不亲和系配制一代杂种。

自交不亲和系花器官正常，除了有些品种花变小外，从外观无法识别，需要采用人工花期自交测定结实率，在测定时可以看到不亲和枝有的可结少量种子，种荚尚存；有的枝有种荚而不膨大，不结种子；有的枝种荚全部脱落，仅残存花柄。

六、果实和种子

大白菜的果实由果皮和种子共同构成，俗称为"种荚"。它属于干果类型的长角果，果形细长，长度 3～6 cm。一个果荚中可着生种子 15～30 粒。果皮是由子房壁形成的，可以分为外果皮、中果皮、内果皮三层。外果皮只有一层细胞，上面有角质层和气孔。中果皮的外层细胞内含有叶绿素，使幼果呈绿色，果实成熟时中果皮变干收缩，成为革质。内果皮发育后细胞壁加厚，果实成熟时变成纤维。它与种子的发育是同时的。

种子是大白菜处于休眠状态的原始生命体，是由上一代配子体世代的精子和卵子，经过受精而产生的新一代的孢子体。大白菜的种子为圆球形，黑褐色、褐色、红褐色或黄色，少数黄白色，直径 1.3～1.5 mm，千粒重 2.5～3.5 g。种子从珠柄上脱落，遗留下来的痕迹叫作种脐，原来的珠孔地方有一个很小的开口，称种孔。胚是种子里最主要的部分，成熟胚包括子叶、胚芽、胚轴和胚根。种皮由外向内共分为 5 层，将种胚紧紧包裹在内，起良好的保护作用。在一般贮藏条件下，种子寿命为 5 年，贮藏条件好的可达 10 年。种子使用年限一般为 2～3 年。

第二节　大白菜生长发育周期及开花授粉习性

一、生长发育周期

（一）生育阶段的划分

我国学者李家文研究认为，大白菜的生长发育过程可以分为营养生长和生殖生长两个生育阶段，并将营养生长时期分为发芽期、幼苗期、莲座期、结球期和休眠期，生殖生长阶段分为返青期、抽薹期、开花期和结荚期。这种划分能直观地反映种植面积最大的秋播大白菜生长发育过程。

贵州气候较为温暖，冬无严寒，夏无酷暑，随着育种水平和生产水平的提高，大白菜基本能四季生产周年供应。贵州秋播大白菜表现为典型的二年生植物，其生长发育过程也分为营养生长和生殖生长两个阶段。并可将营养生长时期分为发芽期、幼苗期、莲座期、结球期，生殖生长阶段分为抽薹期、开花期和结荚期。二年生的大白菜其在秋季冷凉气候条件下以进行营养生长为主，通过发芽期、幼苗期、莲座期，及经过一个较长的包心期，形成一个硕大的叶球，并孕育花原基或花芽。贵州冬季不需要经过越冬贮藏，直接在田间经过冬季短时休眠后，于第二年春季在较高的温度和长日照条件下，进入生殖生长为主的发育阶段，经抽薹、开花和结荚期，完成一个世代的发育。

贵州大白菜春播时表现为一年生，可以直接从发芽期、幼苗期、莲座期，经过短暂的包心期或不经过包心期进入抽薹开花期，继而获得成熟的种子，完成从种子到种子的发育周期。

（二）营养生长阶段与特点

营养生长阶段依器官发生过程可分为下列 5 个时期。

1. 发芽期

大白菜播种后从种子萌动到子叶完全展开，两个基生叶显露时，即"拉十字"时为发芽期，这是发芽期结束和幼苗期开始的临界期。在适宜环境条件下需 5～8 d。

种子吸水膨胀后，胚开始萌动，温度适宜，水分与氧气充足，经 16 h后胚根由珠孔伸出，形成主根，子叶出土。24 h 后种皮开裂，子叶及胚轴外露，胚根上长出根毛，其后子叶与胚轴伸出地面，种皮脱落。播种后第 3 d子叶展开，第 5～8 d 子叶放大，同时第 1 片真叶显露，此时发芽期结束。

子叶变绿前，主要是靠种子的子叶中贮藏养分生长。随着子叶中叶绿素的增加，植株从异养逐步转向自养，形成可以进行光合作用的同化器官。此期结束时，幼苗的主根长可达 11～15 cm，并有一、二级侧根出现。幼苗开始从单纯依靠子叶里的养料供应转向依靠根系吸收水分、养分，进行光合作用为主。

2. 幼苗期

从"拉十字"至外观可见第 7～10 片真叶展开，即展出第一个叶序，幼苗形成一个"叶环"的叶子为幼苗期。此时植株形如圆盘状，俗称"团棵"。生长期 16～18 d。在幼苗期叶片数目分化较快，而叶面积扩展和根系的发育速度缓慢。通常人们将 4 片真叶排成近于十字形时，称为"拉大十字期"，以后叶面积及叶片数目明显增多，再经过 7～9 d 就达到幼苗期结束时的形态指标。幼苗期的根系向纵深方向发展，拉大十字期时，根可伸长 22～25 cm，根系分布宽度约为 20 cm，在幼苗期结束时，主根长达 40～50 cm，侧根生长迅速，发生第 3 级至第 4 级分支，根系分布直径可达 40 cm 左右，主要根系分布距地面 5～20 cm 处。同时根部逐渐发生"破肚"现象，完成了根系初生生长的使命，转入了次生生长的进程。

3. 莲座期

幼苗团棵后至外叶全部展开呈莲座状，心叶刚开始出现抱合时为莲座期止，生长期 20～28 d。莲座末期心叶开始抱合，称为"卷心"，是莲座期结束的临界特征。莲座期结束时，外叶全部展开，全株绿色叶面积将近达到最大值，形成一个旺盛的莲座状，为结球创造了条件。一般早熟品种外叶数 10～12 片，中、晚熟品种外叶数 18～26 片，此时，球叶的第 1～15 片心叶已开始分化、发育。此期主根深扎速度减缓，最长的主根可达 100 cm 以上，根系分布横径 60 cm 左右，主要根群分布在距地面 5～30 cm 处。在莲座前期应促进莲座叶的生长，后期要适当控水，抑制莲座叶的生长，以促进球叶的形成。

4. 结球期

从心叶开始抱合至叶球膨大充实，达到采收标准为结球期。不同熟性的品种结球期所需要的天数不同，一般中、晚熟品种 25～60 d，早熟品种 12～30 d。结球期又可分为结球前期、中期、后期。结球前期外层球叶生长迅速，较快地构成了叶球的轮廓。对于叶重型品种来说，此期是第 1～5 片球叶的发育高峰期，根系不再深扎，但侧根分级数及根毛数猛增，主要根系分布在地表至地下 30 cm 的土层中，吸水、吸肥能力极强。结球中期是叶球内部球叶充实最快的时期，球叶的第 6～10 片发育旺盛。当叶球膨大到一定大小，体积不再增长时，即进入结球后期，叶球继续充实，但生长量增加缓慢，生理活动减弱，逐渐转入休眠。对于叶数型的品种来说，由于其结球叶片数目增多，而且单片叶重间差异较小，在结球的前、中、后期叶片数均较叶重型品种多 4～7 片。莲座末期时，最早生长的外叶开始衰老脱落，直至结球结束时脱落 7～10 片叶。结球后期，根系也开始衰老，吸水、吸肥能力明显减弱。栽培上首先要把结球期安排在最适宜的生长季节里，并加强肥水管理和病虫害防治。

5. 休眠期

大白菜在条件不适宜的情况下被迫休眠，此期间没有光合作用，只有呼吸作用，外叶的部分养分仍向球叶输送。

（三）生殖生长阶段与特点

生殖生长阶段依器官发生过程可分为 3 个时期。

1. 抽薹期

从开始抽薹到开始开花为抽薹期。开始开花为抽薹期的临界特征，生长期 5～20 d。随着温度的升高和光照的增强，从主根的上、中、下部发生多条侧根，垂直向下生长。地上部抽生花茎，花芽形成花蕾。此期要求根系和花茎生长平衡，以根系比花茎生长优先为宜。随着花茎的伸长，茎生叶叶腋间的一级侧枝长出。当主花茎上的花蕾长大，开始开花时（开出第一朵花时）抽薹期结束。

2. 开花期

从主花茎上的花蕾开始开花到整株花朵谢花为开花期，一般 20～30 d。此期间，花蕾和侧枝迅速生长，逐渐进入开花盛期，全株的花先后开放。花朵从花茎下部向上陆续开放，花茎不断抽生侧花枝，第一、第二、第三级分枝相继长出。早熟大白菜每株有 12～20 个花枝；中、晚熟品种每株有 15～25 个花枝。主枝一级分枝和二级分枝上花数占全株的 89% 左右，其结实率也高，种子产量占全株的 88.8% 左右。

3. 结荚期

谢花后，果荚生长，种子发育、充实至成熟为结荚期，一般 25～40 d。此期内，花枝生长基本停止，果荚和种子迅速生长发育，种子成熟时果荚枯黄。要注意防止种株过早衰老或植株贪青晚熟。当大部分花落，下部果荚生长充实时，即可灌水。大部分果荚变成黄绿色即可收获。

以上所述的是秋播大白菜生长发育的各个时期。在采用半成株或小株采种，以收获种子为目的时，植株可从莲座期或幼苗期直接进入生殖生长阶段，不需经历结球期和休眠期。

二、大白菜的开花授粉习性

（一）阶段发育特性

大白菜要通过阶段发育后才能转入生殖生长。从营养生长阶段转入生殖生长阶段，要求一定的低温通过春化阶段，长日照和适当的高温通过光照阶段。

李曙轩（1957）对低温春化和光照对大白菜发育的影响进行了系统研

究，证明大白菜萌动的种子在 0～3 ℃和 6～8 ℃下都可通过春化阶段，并且在 0～3 ℃与 6～8 ℃处理的大白菜开花迟早没有显著差异。一般大白菜品种在低温下通过春化阶段的时间为 15～30 d。萌动种子春化处理后，长成的植株在播种后 50～60 d 才能开花。

多数研究结果证明，一般大白菜品种在 2～10 ℃的低温下能够通过春化阶段。在 2 ℃以下的低温条件下，由于生长受阻，生长点细胞分裂不甚活跃，春化阶段的进行十分缓慢。在 10～15 ℃的条件下，通过春化阶段则需要较长的时间。某些大白菜品种在 15 ℃以上的温度条件下，也能通过较长的时间后抽薹开花。在适宜的低温（2～10 ℃）条件下，经受低温的时间愈长，抽薹开花愈快。萌动的大白菜种子及幼苗期、莲座期和结球期的绿体植株均可感应低温通过春化阶段。

大白菜属于长日照植物。通过春化阶段以后，每天 14～20 h 的日照有利于通过光周期诱导。通过光照阶段的时间较短，一般为 2～4 d。光照阶段除要求长日照外，还要求较高的温度（15～20 ℃以上），但温度过高（30 ℃以上）反而抑制抽薹开花。

（二）花的形成及抽薹、开花的顺序和过程

大白菜通过春化阶段以后，营养苗端即转变为生殖顶端，在顶生叶原基的腋部分生出侧枝花序原端，并形成花原基。在花原基上发生许多小突起，逐渐长大，形成了花器官。花芽分化后，花茎逐渐从叶丛中伸出，即为抽薹。

大白菜一般品种的单株花数 1 000～2 000 朵，常因种植环境条件不同而变化较大。一个植株的开花顺序：主枝上的花先开，然后是一级侧枝和二级侧枝的花依次顺序开放，从上而下依次进行。一个花序的开花顺序：基部的花朵先开，上部的花朵后开，从下而上依次进行。一般顶花序与基部花序的始花期相差 5～10 d。单株的花期 20～30 d，每天每一分枝上开 2～4 朵花。一个品种的花期可延长到 30～40 d。一般早开花的花结荚率高，种子充实饱满。一朵花从萼片开裂至花瓣平展呈"十"字形，需要的时间因气候不同而异，一般需 20～30 h。

一般花瓣和雄蕊的花丝在开花前一天的 16：00 左右开始伸长，花萼逐渐裂开，从裂缝能看到淡黄色的花瓣，到傍晚，4 个萼片顶部合拢处裂开，花瓣开始显露，但仍未张开。开花当天的早晨，花朵开成喇叭形，上午 8：00—10：00 花瓣平展呈"十"字形，此时花药开裂，散出花粉。花朵开放后约经 24 h，又逐渐闭合呈半开放状态。一朵花从开放到花瓣、雄蕊凋

落，一般需 3～5 d。气温高、风大，凋落加快，气温低、湿度大（特别是阴雨天），花朵开放到凋落的时间可延长至 10 d 左右。

（三）开花与品种的关系

花期的长短与品种特性有关，一般晚熟品种开花较迟，但开花较快，花期集中，花期较短（20～30 d）。而一些早熟品种开花早，花期较长，有的地方可长达 50～60 d。晚熟品种，由于花期集中，容易避开灾难性冷害天气，但一旦遇到冷害，损失就较大。同时，在贵州，成熟期容易遇到干热风，造成高温逼熟。早熟品种，由于花期较长，易受早春低温危害，但由于整个花期长，危害不集中，不至于遭受很大的危害。冬前开花的早熟品种，受冬季低温危害较大。

（四）授粉受精

大白菜属于典型的异花授粉植物，传粉媒介主要为昆虫，称"虫媒花"，但亦可通过风等传播。大白菜品种，花药成熟时向外开裂，花粉不易落在自花柱头上，即使落在花柱头上，也不易萌发或受精，一般品种的天然异交率在 70% 以上，因而属于典型的异花授粉作物。

由于昆虫或风力等的传播将成熟的花粉黏附在柱头上的乳突细胞之间，即为授粉。大白菜的柱头先于雄蕊成熟，一般品种的花朵在开花前 3～4 d 就可以接受花粉受精。柱头上的乳头状突起细胞，一般从开花后第 3 d 起开始萎缩。开花前后柱头的授粉有效期为 6～7 d。开花当天的花粉生活力最强，开花 1 d 后花粉生活力即大幅度下降，开花后 4～5 d，花粉已基本失去生活力。

天然异交的形成机制主要是自交不亲和及自交迟配。亲和交配授粉后，在适宜条件下 1～2 h 花粉开始萌发，3～5 h 花粉管穿过柱头进入花柱，12～24 h 完成受精。

第三节　大白菜对环境条件的要求

一、温度

（一）大白菜不同时期对温度条件的要求

大白菜属半耐寒蔬菜作物，喜温和凉爽的气候条件，不耐炎热也不耐严寒。在大白菜不同生态型中，直筒型的适温范围较广，平头型次之，卵圆类型适应性较弱。大白菜在生长发育中要求温和冷凉的气候，在营养生长前期可适应较高的温度，后期则要求较低的温度。大白菜生长适宜的日平均温度为 12～22 ℃，5 ℃以下停止生长，能耐短期-2 ℃的低温，-5 ℃以下则受冻害。大白菜也有一定的耐热性，耐热能力因品种而异，有些耐热品种在较高的温度条件下也能形成叶球，可以夏季栽培。

大白菜在不同生长期对温度的要求不同。

1. 发芽期

这一时期要求较高的温度。种子在 8～10 ℃即能缓慢发芽，但发芽势较弱，发芽缓慢；在 20～25 ℃条件下，发芽迅速而强健，为种子发芽最适温；26～30 ℃时发芽更为迅速，但幼芽虚弱。

2. 幼苗期

这一时期对温度的适应性较强，既可耐一定的低温（可耐-2 ℃的低温，短期内-8～-5 ℃的严寒亦不致造成伤害），又可耐高温，但高温下生长不良，易发生病毒病。苗期生长适温为 22～25 ℃。

3. 莲座期

这一时期是形成光合器官的主要时期。莲座期莲座叶生长迅速强健，要求温度条件较严格，适宜温度为 18～22 ℃，如果温度过高，在 25 ℃以上的高温则生长不良，莲座叶徒长，容易发生病害，温度过低则生长缓慢而延迟结球。

4. 结球期

"莲座期"后互生于顶端的顶生叶迅速生长抱合，直至形成硕大的紧实叶球，这一时期为"结球期"，是产品形成的时期。大白菜的结球期很长，早熟品种 15～30 d，晚熟品种 50 d 左右。在这个过程中，还可以分为前期、中期和后期。结球期对温度条件的要求最严格，适宜温度为 12～22 ℃，在结球期一定的温差有利于养分积累和产量的提高，昼夜温差以 8～12 ℃为宜，对增加物质积累、减少夜间损耗、提高产量及改善品质有极大的作用。

5. 休眠期

为使呼吸作用及蒸腾作用降低到最小限度，以减少养分和水分的消耗，这一时期以 0～2 ℃为最适宜。低于-2 ℃发生冻害，5 ℃以上容易腐烂。贵州由于冬季不是太寒冷，冬季不收获销售的大白菜，不需要专门收获贮藏度过休眠期，直接留在田间生长或休眠，春季即抽薹吃菜薹或抽薹开花留种。

6. 抽薹期、开花期和结荚期

这段时期为生殖生长时期。这一时期月均温 17～20 ℃为宜，15 ℃以下不能正常开花和授粉、受精，30 ℃以上的高温使植株迅速衰老，影响授粉、受精及种子发育。

总之，大白菜在营养生长时期温度宜由高到低，而生殖生长时期则宜由低到高。此外，大白菜完成营养生长阶段要求一定的积温，由播种到成熟早熟品种约需 1 500 ℃，晚熟品种需 1 900～2 000 ℃。温度较高时，可以较少的天数内得到必需的积温；温度较低，则需较多的日数才能得到必需的积温。因此，春播育苗需要的时间较秋播长。

（二）大白菜通过感温阶段对温度条件的要求

大白菜属萌动种子春化型蔬菜作物，也就是说大白菜种子开始萌动以后在发芽期、幼苗期及莲座期受到一定天数的低温影响都可通过春化过程（花芽分化与植株大小没有关系）。

大白菜的感温阶段对低温有一定的要求，即要有一定的低温值才能通过感温阶段，转入生殖生长阶段。但大白菜不同品种通过感温阶段所需的低温值，因品种不同有较大差异，即完成春化过程所需的低温时间和程度不一样。

1. 冬性类型品种

冬性类型品种一般为晚熟品种，对低温的要求严格。一般在 0～10 ℃的温度条件下，经过 20～40 d 才能通过感温阶段，若温度在 10 ℃以上，通过感温阶段的时间就大大延迟。

2. 春性类型品种

春性类型品种一般为早熟品种，对低温的要求不严格。一般在 5～15 ℃的温度条件下，经过 10～15 d，就可通过感温阶段。春性强的早熟和极早熟品种，对低温无严格的要求。

3. 半冬性类型品种

半冬性类型品种一般为早中熟、中熟和中晚熟品种，对低温的要求介于冬性类型和春性类型品种之间。一般在 3～5 ℃的温度条件下，经过 20～30 d，即可通过感温阶段。

低温对大白菜的影响具累积性，不需要连续低温，一旦通过春化的阶段发育过程，在 18～20 ℃高温下，遇 14 h 的长日照（即在高温长日照下）可迅速抽薹开花，全部进入生殖生长阶段，失去大白菜的经济价值。

二、光照

大白菜是一种需要中等强度光照的蔬菜，光合作用的光补偿点约为 25 μmol/（$m^2 \cdot s$），光饱和点约为 950 μmol/（$m^2 \cdot s$）。秋季叶片光合速率日变化一般是双峰曲线，峰值分别出现在10：30和14：00。13：00有一"低谷"，即光合"午睡"现象。群体光合速率日变化呈平缓的单峰曲线。大白菜光合作用的CO_2补偿点为47μl/L，饱和点为1 300μl/L，。充足的光照是大白菜生长的必要条件，但在结球期并不需要太强的光照，贵州各地区一般都能满足其生长对光照条件的需要；大白菜低温通过春化阶段后，需要在较长的日照条件下通过光照阶段，进而抽薹、开花、结实，完成世代交替。

三、水分

大白菜叶面积很大，角质层薄，蒸腾作用旺盛，耗水量多；同时根系浅，吸水能力差。据测定，在25 ℃条件下，中、晚熟品种结球期的蒸腾速率一般为13～17 mmol/（$m^2 \cdot s$）。水分对光合作用、矿质元素吸收、叶片水势、叶面积、植株重量的影响较大，生长期间如果供水不足会使产量和品质大幅度下降，土壤干旱，也极易因高温干旱而发生病毒病，应供应充足的水分。但土壤水分过高，则根系生长不良，易引发软腐病和霜霉病。不同生育期对土壤水分要求不同，传统的秋冬正季栽培中幼苗期因气温和地表温度较高，要求土壤相对含水量85%以上，以降低地温；莲座期要求80%，而结球期则以60%～80%为宜。

四、土壤

大白菜对土壤的适应性较强，但以土层深厚、疏松肥沃、保水保肥、富含有机质的沙壤土、壤土和黏壤土为宜。适于中性、微酸或微碱性的土壤栽培，土壤pH值6.8～7.2为宜。在轻沙土及沙壤土中根系发展快，幼苗及莲座叶生长迅速，但因保肥和保水力弱，到结球期需要大量养分和水分时往往生长不良，结球不紧实，产量低。在黏重的土壤中根系发展缓慢，幼苗及莲座叶生长较慢，但到结球期因为土壤肥沃及保肥保水力强，容易获得高产，不过产品的含水量大，品质较差，往往软腐病较重。最适宜的土壤沙黏比为（2.66～3.29）：1，土壤空气孔隙度约21%。这种土壤耕作便利，保肥、保水性良好，幼苗和莲座叶生长好，结球紧实，产量高，品质好。

五、营养

大白菜各生长期内对氮、磷、钾三要素的吸收量不同，大体上与植株干重增长量成正比，吸收动态呈"S"形曲线。由发芽期至莲座期的吸收量约占总吸收量的10%，而结球期约吸收90%。生长前期需氮较多，后期则需钾、磷较多。大白菜整个生长期都需要大量的氮肥，氮素供应充足时光合速率提高，可促进生长，提高产量。缺氮时全株叶片淡绿色，严重时叶黄绿色，植株停止生长。但是，氮素过多而磷、钾不足时，植株徒长，叶大而薄，结球不紧实，且含水量多，品质与抗病力下降。磷能促进叶原基的分化，使叶数增多，从而增加叶球产量，缺磷时植株叶色变深，叶小而厚，毛刺变硬，其后叶色变黄，植株矮小。钾促进光合产物向叶球运输，钾肥供给充足时，叶球充实，缺钾时外叶边缘先出现黄色，渐向内发展，然后叶缘枯脆易碎，这种现象在结球中后期发生最多。因而结球期钾肥应占主导地位。因此在大白菜生长中后期配合磷、钾肥，有提高抗病力、改善品质的功效。大白菜缺铁时心叶显著变黄，株型变小，根系生长受阻。缺钙时心叶边缘不均匀地褪绿，逐渐变黄、变褐，直至干边，称为"干烧心"。在生长盛期缺硼常在叶柄内侧出现木栓化组织，由褐色变为黑褐色，叶片周边枯死，结球不良。

参考文献

单海艳．2010．春化处理对大白菜抽薹开花的影响［J］．牡丹江大学学报，（4）：92-92.

侯金星，张自坤，曹辰兴，等．2005．春化条件对大白菜花芽分化的影响［J］．西北农业学报，14（4）：89-91.

惠麦侠，张鲁刚，巩振辉，等．2004．春化温度对大白菜花芽分化和抽薹的影响［J］．西北植物学报，24（12）：2 359-2 361.

孔小平．2007.大白菜春化特性及其生理生化指标的研究［D］．杨凌：西北农林科技大学.

李曙轩，李式军．1964.白菜的花芽分化与叶球形成［J］．中国农业科学，5（6）：36-41.

李曙轩．1979．蔬菜栽培生理［M］．上海：上海科学技术出版社.

刘春香，韩玉珠，栗长兰，等．2001．大白菜的春化特性及未熟抽薹研究进展［J］．吉林农业大学学报，23（3）：61-64.

徐恒戬．2006．白菜子房发育的解剖学研究［J］．种子，25（11）：31-32.

杨勇．2007．不同耐抽薹性大白菜春化及抽薹前后生理特性的变化［D］．天津：天津大学.

张鲁刚，孔小平，惠麦侠，等．2008．大白菜幼苗春化对低温、光照和苗龄的要求［J］．园艺学报，35（11）：1 676-1 680.

张志焱，刘长庆．1995．春化条件对大白菜花芽分化及种株发育的影响［J］．中国蔬菜，1（5）：35-36.

赵香梅，孙守如，张晓伟，等．2005．大白菜春化与抽薹特性的研究进展［J］．中国蔬菜，1（1）：33-35.

（赵大芹）

第五章
贵州大白菜种质资源

大白菜种质资源也叫大白菜品种资源或大白菜遗传资源。种质资源主要包括地方品种、引入的外来品种和新培育的自交系、自交不亲和系、雄性不育系等，以及突变种、稀有种、近缘野生种及推广品种。发展大白菜生产主要包括两大主题，一是优良的品种，二是优良的栽培技术，即良种良法。决定大白菜优良品种选育的主要因素首先是大白菜种质资源，其次是大白菜育种的手段和技术。世界各国在不断改进育种手段和提高育种技术的同时，高度重视大白菜种质资源的搜集及研究利用。从新中国建立初期开始，我国就投入大量人力、物力和财力，开展大白菜地方品种资源的搜集、研究利用工作，并取得了显著成绩。贵州积极响应并配合全国大白菜种质资源搜集研究利用工作，组织专业队或专业组，采取多种形式，广泛收集省内外大白菜种质资源。与此同时，进行了大白菜地方品种资源整理、评价、保存和利用等研究，初步探明贵州各类型大白菜种质资源的特征、特性，向省内外有关单位提供大白菜种质资源及研究利用结果，取得了较好的经济效益和社会效益。

第一节　大白菜种质资源的地位和作用

大白菜是以食用其硕大叶球为目的而栽培的农作物，从原始材料到叶球的生产过程大体包括四个阶段：大白菜种质资源收集→大白菜品种选育→大白菜品种栽培→大白菜收获叶球。该过程表明，大白菜种质资源是大白菜育种和栽培的基础，更是收获大白菜产品的基础的基础。

大白菜育种和生产的发展也可充分证实大白菜种质资源的基础地位和作

用。早先的农业生产，是直接从野生大白菜中得到大白菜生产所需的材料。随着育种和生产的发展，农民和育种家认识到，提高大白菜产量，除了应用先进的栽培技术外，必须有优良的大白菜品种。而选育优良的大白菜品种必须掌握大量的大白菜种质资源，为大白菜育种和生产提供种质基础。

20 世纪 50 年代，贵州省的大白菜科研人员，从农家种中选出一些表现好的地方品种，如'贵阳清明白''安顺黄点心''安西白'等，进行栽培推广。但是，大白菜地方品种产量不高，且不稳定。为了适应贵州大白菜育种和生产发展的需要，在继续收集本省农家种的同时，多方引进省外大白菜种质资源，如从北京引入'核桃纹''青口白''大青口''包头青''小白口''小青口'；从天津引入'天津白麻叶''天津青麻叶'；从河南引入'洛阳包头'；从河北引入'石特 1 号'等。引进的优良品种一方面在生产上直接利用，另一方面用作培育亲本，使贵州大白菜生产向前迈进了一大步，可见育种基础材料的重要性。

第二节　贵州大白菜种质资源的收集整理

一、地方品种的收集、整理

新中国成立以来，各级政府十分重视蔬菜的生产和科研工作。从 20 世纪 50 年代开始，国家就组织科技人员多次对全国（除台湾省外）的蔬菜地方品种进行普查、搜集、整理。贵州 20 世纪 50 年代初期开始对贵州蔬菜生产和地方品种进行了调查、搜集、整理、鉴选、利用，并育成一些常规优良品种应用于生产。在 50 年代，贵州查明当时蔬菜生产中栽培的品种共达 270个。1954 年对省内大白菜地方品种'安顺安西白''安顺捲窝子''毕节小白菜''华山白'等的特征特性进行了观察鉴定，鉴选出的优良地方品种有'兴关清明白''贵阳清明白'等。

20 世纪 50 年代末至 60 年代初，在全国范围内开展蔬菜包括大白菜品种种质资源搜集和整理工作，同时，我国有些科研单位也陆续开展了大白菜育种及相关研究。60 年代中至 70 年代末，蔬菜品种资源调查、征集、整理工作一度中断。1979 年国家科委和农业部联合发出了开展农作物品种资源补充征集的通知，要求把散落在农村和群众手中的农家品种搜集起来，保存好。1980 年后，在全国范围内进行了第二次大白菜品种资源的搜集、整理工作，并相继开展了种质资源评价和品种创新研究。贵州根据农业部和国家科委的有关精神，积极响应并配合全国蔬菜包括大白菜种质资源搜集研究利用工作，1981—1986 年，组织力量，采取多种形式，对全省各市县蔬菜品种资源重新调查搜集。在各地、市、县农业局、农科所、蔬菜办等单位的大力协助下，基本完成了这一任务，并对征集到的大多数品种进行种植、观察、鉴定、保存和利用等研究，初步探明贵州大白菜种质资源的分类，以及各类型大白菜种质资源的特征、特性，在此调查和观察鉴定的基础上 1987 年 2 月编写了《贵州省蔬菜品种资源名录》。该名录共汇编了贵州蔬菜品种中的 71个种和变种，886 个品种，其中白菜类 45 个。并向省内外有关单位提供大白菜种质资源及研究利用结果，取得了较好的经济效益和社会效益。

　　"七五"期间（1986—1990 年），"蔬菜种质资源繁种和主要性状鉴定"被列入国家重点科技项目"农作物品种资源研究"中的一个专题，由中国农业科学院蔬菜花卉研究所牵头，组织全国 29 个省、自治区、直辖市（西藏、台湾未参加）蔬菜科研、教学单位协作攻关，将搜集到的蔬菜种质资源经过系统整理和繁殖更新，种子送交国家种质资源库长期保存，其中搜集并入库保存的大白菜资源共 1 691 份。贵州省搜集整理和繁殖更新送交国家种质资源库长期保存的大白菜资源有 132 份。这些地方品种的特点是品质较好，适应当地气候条件，也比较适合当地生产和消费习惯。但由于长期散落在农村中，由菜农自留、自繁、自种，由于各种条件的限制，再加上不注意选择和隔离采种，所以地方品种通常较混杂，甚至发生退化，严重影响大白菜的种性、产量与品质。贵州省从 20 世纪 60 年代以来，在搜集整理大白菜地方品种资源的基础上，开展了大白菜地方品种的提纯复壮和良种繁育工作。先后选优、复壮、推广了一批优良的地方品种，如安西白、黄点心、清明白等，经过认定当时在生产上曾有大面积推广应用的品种有优质 1 号等。对促进当时大白菜生产起了重要作用，并为以后育种工作的开展打下了基础。但是，这些大白菜地方品种还存在产量不高且不稳定等问题。

　　在 2008 年贵州遭受严重凝冻灾害时，在海拔 2 300 余米的地方，在-12 ℃连续 3 d 多的情况下，经过田间调查，在国内外品种均受冻害严重的情况下，从当地种植的 3 000 多亩地方品种'黄秧白'中，找到受冻害很轻的 18 株优良单株，经自交后，分离很大，以后从中选育出一些优良的抗寒、晚抽薹自交系、自交不亲和系及转育出优良的胞质雄不育系，随后用这些作亲本材料与原来利用贵阳清明白、迟白菜、黄点心及韩国春大白菜等选育的亲本材料杂交，进行了抗寒、耐抽薹杂交一代新品种选育，2011 年以来育出了抗寒、耐抽薹杂交一代新品种4个，并大面积应用于反季节春大白菜生产中，在省外也有了一些面积的推广，同时，开展了相应配套基础理论方面的研究工作（包括抗冻生理指标的筛选、基因重测序、转录组测序及基因定位等）从而为实现大白菜一年多季栽培和周年供应提供了优良品种。

二、贵州省以外品种的引入、资源保存及推广应用

贵州在20世纪50年代初期至70年代末，为了适应贵州大白菜生产发展的需要和为育种工作的开展收集资源材料。在继续搜集本省大白菜农家种的同时，又积极多方引进省外大白菜优良品种，并对引进的各品种的特征特性及其对当地自然环境的适应性、生长情况及抗病力等各方面进行观察鉴定。如1946年前后，从四川引进乌金白菜，从1954年起陆续从山东省引入'山东福山包头''莱阳大白菜''胶州白''济南小根''狮子头白菜''盐州府大白菜''大包头白''济南白''章丘小根白''山东大白头莲'；从北京引入'核桃纹''翻心白''房山翻心黄''青口白''大青口''包头青''小白口''小青口'；天津的'大核桃纹''天津白麻叶''天津青麻叶'；河南'洛阳包头''城阳青''冠县包头''肥城卷心''早皇白''林水白''玉青''二牛心''河头早''兴城大矬菜''小狮子头''慈溪黄芽白'等；河北引入'石特1号'；从华北引入'大叶青''大青口'；从河南引入'开封白''河南大白菜'；从宁夏引入'华洲白'。通过品种经观察鉴选，在引种的大白菜中鉴选出'北京青口白''北京大青口''包头青''天津青麻叶'等优良品种在生产上推广。20世纪80年代初期，以提高单产为主，由山西引进'晋菜2号''晋菜3号'。其中，'晋菜3号'迅速成为贵州各地的主栽品种，至今在贵州还有一定的种植面积。

除了有些优良品种一方面在生产上直接利用，如'福山包头''城阳青''济南小根''早皇白''北京小白口''北京翻心白''房山翻心黄''小青口核桃纹''天津大核桃纹''天津白麻叶''天津青麻叶''石特1号''洛阳包头''二牛心''河头早'等，对促进当时大白菜生产起了重要作用；另一方面从20世纪80年代初期开始用这些品种以及当地农家品种作为资源开展自交系、自交不亲和系的选育及杂种优势利用研究，90年代开始陆续用田间自然变异的雄性不育株开展雄性不育系的选育研究，这些品种的引进及杂种优势利用研究为以后育种工作的开展打下了坚实基础。

20世纪80年代初，随着大白菜生产发展的需求及我国大白菜一代杂种的育出，贵州省积极引进一代杂种进行示范推广。80年代初期开始引进'晋

菜 3 号'试验示范后在全省生产上大面积推广应用，由于大白菜一代杂种具有主要经济性状整齐、丰产、抗病、生长速度快、适应性、商品性好等诸多优点，一经推出就受到广大菜农及市民的欢迎。以当时贵州省农业科学院园艺研究所为例，1976 年引进'晋菜 3 号'大白菜一代杂种推广面积为 66.7 hm^2，1977 年就扩大为 400 hm^2，1978 年猛增到 1 333.3 hm^2，3 年增长了近 20 倍。1987 年，'晋菜 3 号'品种占全省大白菜品种的 60% 左右，大白菜单产达到 8 000～9 000 kg/667 m^2。对贵州大白菜生产及市场供应起到了重要作用。实现了贵州大白菜生产以地方品种为主转向杂交一代种为主、由过去低产变中高产的第一次飞跃。以后还陆续引进推广了'山东四号''鲁春白一号'等，对贵州大白菜生产起到了很好的促进作用。

第三节　贵州大白菜种质资源的搜集状况

根据贵州省园艺研究所搜集保存记录，最早的大白菜种质资源是 1954 年搜集并进行观察鉴定的，省外品种有 17 份，省内有 4 份；最晚一年是 2014 年，搜集到 33 个县的大白菜品种 36 份，分别进行了田间种植观察鉴定。截至 2014 年，贵州 86 个县（市、区）都已收集到大白菜品种。贵州省大白菜种质资源地方品种搜集时间比较集中、搜集数量较多的时段是 1981—1986 年，收集到白菜类蔬菜 45 份；1986—1990 年，贵州省搜集整理和繁殖更新送交国家种质资源库长期保存的大白菜资源有 132 份。这几个时段所搜集的品种份数加上其他年（次）搜集的大白菜地方品种共计 200 余份。据不完全统计，贵州引进国内外大白菜品种 200 余份。

第四节　贵州大白菜主要种质资源的来源及特点

贵州省地处云贵高原东侧斜坡上，属温暖湿润的亚热带高原山地季风气候区，境内山峦起伏，河流纵横，气候温暖，雨量充沛，生态环境复杂，立体气候明显，多种蔬菜都能生长。在长期的生产实践中，贵州各族人民引进驯化选育了不少的优良品种，有的品种具有重要的经济性状，为全省的蔬菜栽培和新品种选育提供了丰富的物质基础。经野外考察、调查访问和田间鉴定，初步认为贵州大白菜种质资源来源于地方品种、国内外引进品种及通过选育创新的资源材料或品种等方面。

一、主要地方品种的来源及特点

在我国众多的大白菜地方品种中，不仅在植物学性状上存在着明显的不同，而且在抗病性、适应性、生长期及品质等方面也存在较大的差异。有的地方品种不仅是育种的好材料，直接用于生产也有相当的价值。1981—1986年贵州省搜集、观察、鉴定、保存的大白菜主要地方品种及特点如下。

1. 兴义青口白

兴义县供种。兴义县农家品种。

株高 50 cm，外叶浅绿色，稍皱缩，叶球长筒形，合抱，球重 1～1.5 kg，结球性较差，抗病虫一般，较耐寒，品质中等，一般亩（15 亩 =1hm^2。下同）产 2 000 kg。

2. 安顺清明白（黄点心）

安顺市供种。安顺地区农家品种。

株高 35 cm，外叶浅绿色，稍皱，叶球笔尖状，长筒形，竖心卷合，球重 0.75 kg，耐寒，抽薹迟，晚熟，抗软腐病强，播种至收约 150 d，品质中等，可用于解决春淡。

3. 小麻叶

安顺市供种。安顺市自选种，种植多年。

株高 30 cm，开展度 40～50 cm，植株矮小，外叶深绿色，皱缩有褶，心叶淡黄至白色，结球好，紧实，叶球矮桩形，叠抱，球重 0.75～1 kg，中熟，抗病虫能力较强，对霜霉病有一定抗性，品质优良，细嫩，纤维少，为一优良品种，宜密植，生长期 8—12 月。

4. 安西白（包包白）

安顺市供种。安顺市地方良种。

株高 35～42 cm，开展度 50 cm，外叶淡黄色，稍皱缩，叶球短圆筒形，叠抱，球重 0.75～1.0 kg，品质较好，纤维少，味略甜，耐寒，中熟，亩产约 2 000 kg。

5. 都匀大青口

都匀市供种。都匀农家品种。

株高 45～50 cm，外叶绿色，叶球长筒形，合抱，舒心，球重 2～2.5 kg，抗病能力较强，晚熟，纤维多，味甜，耐寒，亩产 2 000～2 500 kg。

6. 四月慢

贵阳市供种。贵州省内有零星分布。

株高 35 cm，外叶绿色，稍皱，正面有少量刺毛，叶缘波状，叶球头球短矮桩，叠抱，球重 0.5～1 kg，结球较差，春性较强。

7. 春不老

施秉县供种。当地农家品种。

株高 40 cm，外叶深绿色，皱缩，结球较好，叶球矮桩形，叠抱，中熟，球重 0.7～1 kg，耐寒，抗病虫能力较强，抽薹迟，可延至春季收获。

8. 金白菜

余庆县供种。当地优良品种。

株高 40 cm，外叶绿色，稍皱，叶球长筒形，叠抱，球重 1～1.5 kg，较晚熟，结球较差，抗霜霉病、黑斑病能力较强，品质较好。

9. 卷心矮桩白

印江县供种。当地农家品种。

植株矮小，高 35～40 cm，外叶绿色，稍皱缩，叶球头球短矮桩，合抱，球重 1.5～2 kg，播种至收 120 d，霜霉病较重，品质上，味略甜，耐寒，亩产 2 000～2 500 kg。

10. 紫云白菜

紫云县供种。紫云县农家品种。

株高 40 cm，外叶绿色，叶球短筒形，合抱，舒心，结球差，球重 0.75～1 kg，中熟，抗病虫较强，较耐寒。

11. 菊花心

贵阳市供种。引种多年，省内均有分布。

株高 35～40 cm，外叶深绿色，叶球短筒形，合抱，舒心，结球较好，紧实，球重 1～2 kg，生长期 8—11 月，抗病虫能力较强，品质中，亩产 1 500～2 000 kg。

12. 人头白

1957 年从河南引进，已有变异，分布遵义市等地。

株高 50 cm，开展度 60 cm，外叶深绿色，稍皱，叶缘波浪状，叶球圆球形，合抱，球重 2.5～3 kg，中熟，从播种至收获 90～100 d，7 月播，10—12 月收获，抗逆性强，品质优良，细嫩，味略甜，亩产 3 000～3 500 kg。

13. 包包白

瓮安县供种。瓮安县农家品种。

株高 45 cm，开展度 66 cm，外叶绿色，较平滑，叶球矮桩形，叠抱，球重 1.5～2 kg，较晚熟，8 月播，11—12 月收获，抗病虫能力中等，品质一般，纤维少，亩产 2 000～2 500 kg。

14. 高脚白

荔波县供种。荔波县农家品种。

株高 70 cm，开展度 80 cm，外叶绿色，叠抱，包心，叶球头球高桩形，球重 2～3 kg，品质中等，抗逆性较好，晚熟，生长期 100 d 以上，产量较高，亩产 2 000～3 000 kg。

15. 粉口白

贵阳市长冲供种。贵阳市郊区农家品种。

株高 40 cm，开展度 42 cm，外叶浅绿，叶球长筒形，翻心，净重 1～2 kg，生长期约为 120 d，晚熟，抗逆性中等，味淡，亩产 1 500 kg。

16. 贵阳青口白

贵阳市宅吉供种。贵阳市农家品种。

株高 35 cm，开展度 40 cm，外叶浅绿，叶球短椭圆形，净重 1～2.5 kg，早熟，生长期约 80 d，味淡，亩产 1 500 kg 左右。

17. 大坡白菜

贵阳市供种。贵阳市农家品种。

株高 40 cm，开展度 70 cm，外叶倒卵形，浅绿色，叶较薄，叶柄白色，叶球头球短桩形，高 32 cm，顶部微圆，包心紧，重 1.5～2 kg，8 月播，11—12 月收获，品质较好。

18. 贵阳清明白

贵阳市供种。贵阳市农家品种。

株高 35 cm，外叶黄绿色，稍皱，叶球长筒形，舒心，单球重 0.5～1.5 kg，抗病虫能力较强，味较淡，纤维多，抽薹迟，可用于早春淡季供应，亩产 1 000～1 500 kg，生长期从 8 月到翌年 3 月。

19. 竹筒白

贵阳市供种。全省均有分布。

株高 45 cm，开展度 40～50 cm，外叶绿色，稍皱，叶球长筒形，竖心卷合，舒心型，球重 1～1.5 kg，较抗霜霉病和软腐，中熟，生长期 8—11 月，株型紧凑，宜于密植，一般亩产 3 000 kg。

20. 黄秧白

遵义市供种，分布于遵义、威宁等地区。

株高 40～45 cm，外叶黄绿色，皱缩中等，叶球长筒形，竖心卷合，舒心，球重 1～2 kg，抗病虫能力弱，抗逆性较差，品质细嫩，味淡，纤维少，水分多，播种至收80～90 d，亩产1 000～1 500 kg，耐寒，抗病虫能力较强，抽薹迟，可延至春季收获。

21. 迟白菜

遵义市供种。

株高50 cm，外叶黄绿色，稍皱，叶球长筒形，拧抱，半包心，球重约1 kg，品质中等，纤维多，味淡，质地粗糙，结球较松，耐寒，成熟晚，抽薹迟。

22. 转窝子

安顺市供种。当地地方品种。

株高40 cm，外叶浅绿，稍皱，叶球短筒形，包心，球重0.7～0.75 kg，晚熟，抗病虫能力较强，味淡，纤维多，抽薹较晚，可用于解决春淡，亩产1 500 kg。

23. 兴仁本地白

兴仁县供种。当地农家品种。

株高45 cm，开展度55 cm，外叶浅绿色，叶面稍皱，叶球短筒形，合抱，舒心型，净重约1 kg，中熟，品质中等，亩产1 500 kg左右。

24. 兴仁清明白

兴仁县供种。当地农家品种。

株高35 cm，开展度40 cm，外叶浅绿色，稍皱，叶球长筒形，舒心，重0.75～1 kg，晚熟，纤维多，味淡，品质中等，亩产1 500 kg。

25. 矮子白

铜仁市供种。引种多年，分布于铜仁市。

株高40 cm，外叶深绿色，稍皱，叶球头球矮桩形，合抱，净重1～1.5 kg，耐寒性较强，耐涝，中晚熟种，品质中等，纤维少，略甜。

26. 绥阳青口白

绥阳县供种。

株高50 cm，开展度大，外叶深绿色，叶球长筒形，合抱，重2～3 kg，抗逆性中等，味略甜，单产2 000 kg左右。

27. 阉鸡尾

安顺市供种。当地农家品种。

株高26 cm，开展度50 cm，外叶深绿色，叶面皱缩有褶，叶球头球矮桩形，叠抱，净球重1 kg左右，中熟种，品质上等。

28. 乌金白

镇远县供种。当地农家品种。

株高 40～50 cm，外叶深绿色，叶面皱缩，结球较好，球叶数目多，叶球头球高桩形，叠抱，重 0.5～1 kg，抗病虫能力中等，单产 1 500～2 000 kg，品质好，味略甜，纤维少。

29．大交白

思南县供种，引种多年种植较广。

株高 65 cm，外叶黄绿色，叶球长筒形，包心型，合抱，净球重 1～2 kg，品质较好，纤维少，较耐寒，耐涝，播种至收约 120 d，亩产约 2 500 kg。

30．矮桩白

印江县供种。当地农家品种。

株高 35 cm，开展度 60 cm，外叶绿色，稍皱缩，叶球矮桩形，合抱，包心，净球重 2.5 kg，霜霉病严重，抗虫中等，抗逆性中等，品质上等，纤维少，味略甜，熟鲜食，中熟品种，从播种到收获 120 d。

二、主要引入品种的来源及特点

从早先的人类迁徙、商业往来，到近代有意识地引种，把贵州省外或国外大白菜品种引入贵州，成为贵州大白菜种质资源的一个主要来源。这些大白菜种质资源有相当价值，有的直接在生产上利用，如'北京大青口''包头青''小白口''小青口'，河北'石特 1 号'，山东省的'福山包头''莱阳大白菜''胶州白''包头白'，'天津白麻叶''天津青麻叶'等优良品种；有的间接利用成为育种的好材料。

贵州 20 世纪 80 年代初期以来引入的主要省外品种及特点如下。

1．早皇白

广东省潮安县农家品种。外叶近圆形，叶柄白色。叶球倒圆锥形，叶球叠抱，黄白色，结球紧实，单球重约 0.5 kg。该品种早年引入福建省，现在福建省三明市、泉州市等地称作黄金白或皇京白。

2．翻心黄

北京市郊区农家品种。外叶绿，叶球直筒形，白色，球叶先端向外稍微翻，黄白色，单株重 1.5～2 kg。该品种球叶质嫩，纤维少。耐热，但不耐贮。早熟，生长期 60 d 左右。较抗病毒病。

3．小白口

北京市郊区农家品种。外叶绿，叶柄白色。叶球短圆筒形，球叶黄绿色，顶部露出浅绿，球顶部稍大，单株重 2 kg 左右。该品种球叶质嫩，味甜，纤维少，品质好。抗热性较强，抗病性较差，不耐贮藏。早熟，生长期

60 d 左右。

4. 小青麻叶

天津市西郊农家品种。叶色深绿，叶球直筒形，在莲座叶未充分长大时，球叶已开始结球（在莲座初期就边生长边结球）。由于莲座叶与球叶同时生长，故又名连心壮。该品种纤维少，易煮烂，味甜，品质好。较耐热，抗病。偏早熟，生长期 70 d 左右。

5. 中青麻叶

又名天津绿或天津核桃纹。天津市西郊农家品种。叶色深绿，叶球直筒形，球顶略尖，单株重 2.5～3 kg。该品种球叶绿色或黄绿色，纤维少，易煮烂，味甜柔嫩，品质好。适应性强，抗病，耐贮藏。中熟，生长期 80～85 d。

6. 曲阳青麻叶

河北省曲阳县农家品种。叶片深绿色，叶缘皱褶，叶面皱缩，叶脉粗稀，刺毛少。叶球平头形，球顶微圆，球叶叠抱，球形指数 1.34，为叶重型。耐贮藏，抗热性中等，抗寒性强，抗病毒病及软腐病性强。

7. 小青口核桃纹

北京市郊区农家品种。抗病性强，对病毒病的抵抗能力尤为突出，所以稳产性好，品质好，味甜，耐贮藏，唯抗黑腐病的能力稍差。植株中桩，株高仅 42 cm 左右，开展度 80 cm，单株重 3～4 kg。外叶深绿色，椭圆形，成株外叶 15 片左右，最大外叶长 55 cm，宽 34 cm，叶柄长 41 cm，叶柄宽 6.5 cm，叶缘凸波形，叶面有皱褶，刺毛较少，叶背刺毛较多。叶球短筒状头球形，叠抱，纵径 40 cm，横径 17 cm，叶球顶部微圆，单球平均重 2～3 kg。

8. 大青口

北京市郊区农家品种。叶片绿色，叶缘波状，叶面皱缩，叶脉粗稀，刺毛少。叶球高桩形，上部显著较大，球顶圆，球心严闭，球叶叠抱，球形指数 2.05。叶重型。生长期 90～95 d。极耐贮藏，抗热性及抗寒性强，抗旱性弱，抗涝性中等。抗病毒病、霜霉病性强。

9. 大白口

北京市郊区农家品种。叶片淡绿色，叶缘波状，叶面皱缩，叶脉粗稀，刺毛少。叶球高桩形，上部显著较大，球顶圆，球心严闭，球形指数 2.0。叶数型。生长期 90 d 左右。耐贮藏，抗热性中等，抗寒性弱，抗旱涝及抗病性弱。

10. 二牛心

黑龙江省哈尔滨、齐齐哈尔等地栽培较多。早年由山东省昌邑县引入。

叶球圆锥形,顶部尖,单株重 2 kg 左右。莲座叶少,净菜率高,品质好。较耐贮藏,适应性强,耐病。偏早熟,生长期 70 d 左右。

11. 肥城卷心

山东省肥城市农家品种。植株矮小,叶球短圆筒形,球叶乳黄色,心叶顶端向外翻卷。抗病,耐热。早熟,生长期 55~60 d。

12. 玉田包尖

河北省玉田县农家品种。叶片绿色,叶缘波状,叶面微皱,叶脉细密,刺毛少。叶球直筒状,上部显著小于下部,球顶尖锐,球心闭合,球叶拧抱,球形指数 3.2。为叶重型与叶数型的中间型。生长期 90 d。抗寒性强,抗旱涝性强,抗病毒病能力中等,抗霜霉病和软腐病性强,抗蚜虫性中等。

13. 胶州白菜

山东省胶州市著名特产品种。叶片淡绿色,叶缘波状,叶面微皱,叶脉细稀,刺毛少。叶球卵圆形,球顶尖,球心闭合,球叶褶抱,球形指数 1.4~1.6,为叶数型。生长期 80~100 d。本品种有大叶菜、二叶菜、小叶菜 3 个品系,品质好,耐贮藏,抗病性弱。适宜于温和湿润的海洋性气候地区栽培。

14. 福山包头

山东省福山县农家品种。叶片绿色,叶缘波状,叶面皱缩,叶脉较细稀,刺毛少,中肋宽薄、微凹,白色。叶球卵圆形,球顶圆,球心闭合,球形指数 1.18,叶数型。本品种有大包头、二包头、小包头 3 个品系,生长期 70~100 d。较抗霜霉病,不抗病毒病,适应性较差,品质优良。

15. 桶子白

山西省清徐县农家品种,属半结球变种。叶片淡绿色,叶缘伞褶,叶面微皱,叶脉粗稀,无刺毛。中肋宽厚、深凹,白色。叶球直筒形,球顶尖锐,半结球,球叶褶抱,叶重型,生长期 85~90 d。耐贮藏,供冬季食用。抗热性中等,抗寒性强,抗旱性中等,抗软腐病性强。

16. 黄芽菜

浙江省杭州市郊区农家品种,属花心白菜变种。叶片黄绿色,叶缘皱褶,叶面微皱,叶脉细稀,刺毛少。中肋宽薄、深凹,白色。叶球卵圆形,球顶尖,翻心,翻卷部分黄色,球叶褶抱。球形指数 1.57,为叶数型,生长期 80~90 d。不耐贮藏。抗热性及抗寒性中等,抗病性弱。

17. 济南小根

山东省济南市郊区农家品种。叶片淡绿色,叶缘波状,叶面微皱,叶脉细稀，刺毛少。中肋宽薄、深凹，白色。叶球矮桩形，球顶微圆，球心闭合，球叶褶抱，球形指数1.67，为叶数型，生长期90～100 d。较耐贮藏，抗病性中等。

18．洛阳包头

河南省洛阳市郊区农家品种。叶片淡绿色，叶缘波状，叶面皱缩，叶脉粗稀，刺毛少。叶球平头形，球顶微圆，球心严闭，球叶叠抱，球形指数1.1，为叶重型。生长期110 d左右。极耐贮藏，抗热性中等，抗寒性及抗旱涝性弱，抗各种病害中等。本品种有大包头和二包头两个品系。大包头产量较高，抗病力较差，叶脉较粗；二包头产量较低，抗病力稍强，叶脉较细。

19．包头白

山西省太原市郊农家品种。叶片绿色，叶缘皱褶，叶面皱缩，叶脉细密，刺毛多。叶球平头形，球顶微圆，球心严闭，球叶叠抱，球形指数1.5，为叶重型。生长期90 d左右。耐贮藏，抗热性及抗寒性弱，抗旱性中等，抗涝性中等，抗病毒病性弱，抗其他病害中等。

20．城阳青

山东省青岛市郊区农家品种。属平头卵圆类型。叶片绿色，叶缘波状，叶面微皱，叶脉粗稀，刺毛少。叶球矮桩形，上下大小均等，球顶微圆，球心严闭，球叶叠抱，球形指数1.55，为叶数型。生长期100 d左右。极耐贮藏。抗热、抗寒性强，抗旱涝性强。

参考文献

崔德祥，赵大芹．1996．贵州大白菜品种资源特点及利用评价 [J]．种子（5）：49-50.
王景义，梁惠芳．1990．大白菜品种资源的研究 [J]．中国蔬菜，1（5）：8-100.
张勇，张耀伟，崔崇士．2006．大白菜种质资源遗传多样性及纯度检测的研究 [J]．北方园艺（6）：1-3.

（赵大芹）

第六章
大白菜杂种优势育种

第一节 杂种优势育种的概念

杂种优势是指两个遗传性不同的品种、品系或自交系等进行杂交，杂种一代在生活力、生长势、抗逆性、繁殖力、适应性、产量、品质等方面优于其双亲的现象。它是生物界的一种普遍现象。杂种优势育种主要指杂种一代（F_1）优势利用，即利用人工杂交方式进行大白菜品种（系）间杂交，通过基因重组，从后代中选育出具有育种目标性状要求的新品种（系）的方法。该方法主要用于杂交一代新品种的选育，也可用于创新材料的选育、常规品种选育和杂交组合选育中的亲本选育。

大白菜的杂种优势十分显著。大白菜杂种优势（Heterosis）利用已成为提高产量、增强抗病性及抗逆性等的重要手段，在目前的大白菜新品种选育途径中占有绝对的优势地位。从 20 世纪 60 年代的零星研究，70 年代相关理论与技术研究的深入，我国大白菜杂种优势利用育种也随之得到了迅速发展，并在育种途径和方法上进行了探索，为推动大白菜杂种优势利用打下了基础，也在一定程度上促成了当今大白菜育种的成就。

日本遗传育种家伊藤庄次郎（1954）和治田辰夫（1962）在开展十字花科蔬菜自交不亲和系选育和遗传机制研究的基础上，确立了利用自交不亲和系生产杂交一代种子的技术途径，为大白菜杂种优势利用打下了理论和技术基础。此后，大白菜杂种优势利用在日本得到迅速发展，到 20 世纪 60 年代中期，大白菜一代杂种在日本已普及。

20 世纪 60 年代初期到 70 年代中期，我国大白菜因三大病害（病毒病、霜霉病和软腐病）危害严重，对蔬菜供应带来严重的不良影响。在这种情况下，各地的农业科研单位先后成立了大白菜育种课题组，通过课题研究，最后认定杂种优势利用是培育大白菜优良品种的最佳选择。我国大白菜杂优利用起步早的是青岛市农业科学研究所。从60年代初期开始进行大白菜自交不亲和系的选育。青岛市农业科学研究所最先开始了此项工作，于1971年率先育成了福山包头自交不亲和系及一代杂种'青杂早丰'。70年代以来，我国大白菜杂种一代优势品种得到迅速发展，北方各省（直辖市）有关蔬菜研究单位，均先后开展了大白菜杂种优势利用的研究，并在育种途径和方法上进行了探索，特别是在制种技术途径方面，利用自交不亲和系和雄性不育系技术均取得了巨大成就，两种途径都成功应用于大白菜杂交种的选育和种子生产，对推动大白菜杂种一代优势利用打下了基础，使大白菜生产上了新台阶，目前国内外大白菜生产用种基本都实现了杂优化。贵州省杂优势利用研究起步相对较晚，于70年代末成立大白菜课题组，80年代初开始进行杂种优势育种研究，着手选育自交不亲和系等亲本材料及杂交一代种的配制。

第二节　杂种优势育种的程序

　　杂种优势育种的程序，主要包括确定育种目标，广泛收集种质资源，然后对搜集到的种质资源进行自交系、自交不亲和系、雄性不育系的选育。同时，对已有资源进行创新改良，例如对生产上主栽品种或F_1进行分离、纯化，开展自交系等选育。通过产量、品质、抗病性及其他经济性状的综合鉴定，对已经稳定的优良亲本系，进行抗病性鉴定，对已入选的优良亲本系进行杂交组合选配，测定配合力。将入选的优良组合用生产上的主栽品种作对照，进行品系比较试验，选出的优良品系参加区域试验，经生产试验后方可申请品种审定（或认定、鉴定）、推广。

　　杂种优势育种程序如图6-1所示。

　　为了加快育种进展，可以利用小孢子培养等方法，加快亲本系的选育。另外，为了提高亲本系选育的目的性和效率，在亲本系选育的早期世代进行初步的配合力测定，可作为亲本系选育的参考。

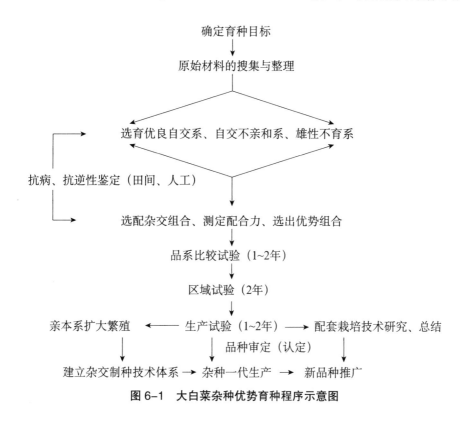

图 6-1 大白菜杂种优势育种程序示意图

第三节 大白菜的育种目标

育种目标是根据生产和市场需求，在一定的自然、经济条件下，育种工作者预期育成新品种应具备的一系列优良目标性状及其应达到的指标。它是育种工作者的方向和灵魂。制定育种目标是大白菜育种的第一步。目标的准确与否直接关系到育种的成败和效率。在制定育种目标时主要考虑以下几个大的方面：一是应用区域的生产现状及需要解决的问题；二是目前市场和加工的需求，需要对现有品种进行改良的方面；三是未来大白菜生产和加工市场的需要。在制定具体目标时，则根据各自的需要而定，主要考虑产量、品质、生育期、抗病性、抗逆性与适应性等方面。有了明确目标，才能有目的地收集材料、选择亲本、配制组合，进行品系鉴定，从中选育出符合要求的品种。同时，可避免育种工作的盲目性，减少工作量，提高工作效率。

育种目标还要有一定的前瞻性，而且可以随着生态环境变化、社会经济发展、人民生活水平的提高、市场需求以及种植制度的变革进行适当调整。育种目标在一定时期内又是相对稳定的，体现育种工作在一定时期的方向和任务。

一、制定育种目标的原则

（一）以生产和市场需求为导向

从大白菜杂种优势育种的程序推算，正常情况下，育成一个新品种至少需要5～6年，多则10多年时间。育种周期长，决定了育种目标制定必须要有预见性，至少要看到5～6年以后生产及市场需求变化。再者，制定育种目标，首先要遵循生产和市场需求为导向的原则。所以，在制定育种目标时，要了解大白菜品种的演变历史，同时对生产和市场的发展变化做全面调查，掌握大白菜生产发展和市场对品种需求的趋势。育种目标所提出的主要目标性状不仅要考虑比原有同类品种的改进与创新，还要考虑比国内外同行育种工作具备相对优势，从而制定出处于优势竞争地位的育种目标。

（二）目标性状要有针对性并突出重点

生产和市场对品种的需求往往是多方面的。在制定育种目标时，要根据不同时期生产和市场的需求，明确主要目标性状和次要目标性状，坚持做到主次有别，落实突出目标具有针对性和重点的原则。由于生物遗传的局限性，任何优良品种不可能集所有优良性状于一身，只能在突出主要目标性状的前提下，分类型选育品种。例如，丰产、优质、抗病的早熟类型，丰产、优质、抗病的中晚熟类型等，其中丰产、优质、抗病就是必须具备的主要目标性状，而熟性、叶球形状、包球方式等就是一些特需目标性状。育种工作者需要通过多种相关调查研究和综合分析，有针对性地确定主要和特需目标性状，才能达到预期目的。另外，还必须对有关性状做具体分析，确定各目标性状的具体指标。例如，选育早熟品种，确定生长期应该比一般品种早熟多少天；选育抗病品种时，不仅要指明具体的病害种类，有些还要落实到病原的生理小种上，同时要用量化指标提出抗性目标。

（三）注重品种选育的多样性

随着市场经济和栽培方式的发展，所制定的育种目标应进一步适应市场和栽培需求，选育的品种应向专用型和系列化的方向发展。对育种工作者来说，从长远考虑也需要注重品种的多样性。除考虑结球类型、熟性、株型大小外，还需考虑一些特需目标，例如保健型、观赏型、加工型、耐运型、不同生态型等，以满足多元化的市场需求。大白菜育种总的趋势是由大型品种向中、小型品种发展；由类型较为单一向多类型、多品种方向发展。而且，大白菜品质问题会越来越重要，对品种适应性要求越来越高。以此为基础，育种工作者应培育出能抗多种病害，综合性状优良，食用品质好，适于不同地区、不同季节及不同栽培方式的多样化系列品种。

二、大白菜主要目标性状

大白菜育种目标涉及的性状很多，不同时期往往有不同的要求。贵州省大白菜育种在 20 世纪 80 年代以前主要解决产量问题，90 年代以后对质量和产量同时要求，进入 21 世纪以来，随着人民生活水平的提高，要求周年能吃上新鲜的大白菜，同时对商品性、品种多样性、品质的要求也逐步突出。这些变化从贵州省"七五"到"十一五"大白菜育种攻关目标中清楚可见，其中贵州省"七五"科技攻关题目是"大白菜杂交优势利用研究"，由于大白菜育种刚开始起步，课题着重进行了材料的收集及优良的自交不亲和系的选育，初步配制出一些优良的杂交组合和选出一批亲本材料；省"八五"科技攻关课题"正季大白菜杂交一代种选育"，主要解决秋冬正季大白菜产量问题；省"九五"科技攻关的课题是"优质正季大白菜一代杂种选育"，对质量和产量同时要求，省"十五"科技攻关项目"优质大白菜杂交一代种选育"同样更注重质量与产量；2006 年起，为了加快育种进程，提高育种效率，在贵州省农业动植物育种专项项目"利用单倍体育种技术创造大白菜新种质研究"的支持下，赵大芹在贵州率先开始进行单倍体育种技术研究，形成了大白菜小孢子培养技术体系，体现了研究的深入和注重育种技术的提高；2006—2008 年在国家农业科技成果转化资金项目"黔研蔬菜新品种中试与示范"的支持下，开展了自育杂交一代种的生态适应性研究、配套栽培技术研究及新品种的大面积示范和推广应用；贵州省"十一五"科技攻关项目"耐热丰产大白菜新品种选育及配套高产栽培技术研究"在注重产量的同时，更注重满足夏季或夏秋季大白菜淡季市场需求；2008 年起在贵州省几个攻关项目的支持下，着重进行抗寒耐抽薹地方品种提纯复壮及杂交育种，选育出了耐抽薹一代种'黔白 5 号'，特耐抽薹一代种'黔白 8 号''黔白 9 号'及'黔白 10 号'并在生产上大面积推广应用，填补了全国性的大白菜 3—5 月的淡季市场，同时对耐抽薹性开展了相关生理生化研究、基因定位等生物技术研究。

一般来说，凡是通过品种选育可以得到改进的性状都可以列为育种的目标性状，其中主要包括熟性、丰产性、稳产性、品质、抗病性、适应性、耐热性、晚抽薹性、耐贮性等。但对于这些目标性状，特别是体现这些目标性状的具体性状指标，在不同地区、不同季节及生产发展的不同时期，对品种要求的侧重点和具体内容则不尽相同。

第四节　原始材料的搜集与鉴定保存

一、原始材料的搜集

进行杂种优势育种，把育种目标确定以后，就应有目的、有计划、有重点地搜集当地和外地品种资源及其他种质材料。一切具有育种目标相关性状的种质资源都可以作为杂种优势育种的原始材料。我国幅员辽阔，又是大白菜原产地，种质资源极为丰富。其中，山东省有200~300个品种，河北省有100~200个品种，是大白菜品种最为富集的两个省。以这两个省为中心，其各自相邻的辽宁、山西、河南、江苏等省，每省有数十个品种。20世纪90年代以来，亚洲蔬菜中心的微型、抗热、早熟品种的引进，以及日本、韩国的春大白菜品种的陆续引入，被作为早熟、晚抽薹的资源利用。在数以千计的大白菜地方品种中，不仅在园艺性状上存在着明显不同，而且在抗病性、营养成分含量等方面也有很大差异。有的地方品种不仅是育种的好材料，直接供生产利用也有相当的价值。

利用优良的地方品种，最有希望选出优良的育种材料。在搜集的过程中，必须详细了解品种来源和当地的自然条件以及该品种的特征特性。

在搜集地方农家品种作为育种材料的同时，也应注意搜集具有优良性状的一代杂种，用以自交，分离，从中选育优良的育种材料自交系、自交不亲和系。另外，还要特别注意搜集抗源和雄性不育系，以及其他具有突出性状的材料以备转育应用。

二、种质资源的鉴定与创新

搜集的种质资源可能多数表现不很理想，但是可以对具有明显优良性状的种质材料，通过杂交或生物技术手段，有目的地丰富遗传基础，综合不同的优良性状，创新种质资源，以便获得符合育种目标要求的育种材料。

种质资源需要种植和鉴定。调查和鉴定的主要项目有：①生长发育期：包括幼苗期、莲座期、结球期，以及抽薹、开花和种子成熟期；②植物学性状：包括植株大小、叶片和叶球形态、整齐度、结球率、叶球紧实度和叶球重量等；③生物学特性：包括抗病性、耐热性、耐寒性、晚抽薹性、耐肥性和丰产性等；④对栽培技术的要求：如栽培季节、种植密度等。对原始材料的研究愈加完善，对育种工作的顺利进行愈有帮助，因此力求深入细致。只有在全面鉴定分析的基础上，才能确定育种材料的利用价值。

无论利用哪种途径搜集品种资源，在搜集的过程中都要注意调查记载品种来源、主要特征特性、栽培要点等，以便于安排进一步鉴定和利用。在安排种植观察鉴定以前，所有搜集到的原始材料要进行编号、登记，将种子加以清选、晾晒后分成两份，一份准备播种鉴定，一份用干燥器贮存。对搜集到的特别珍贵的种质材料，最好是晒干（含水量不能高于 7%）经包装后置于冰柜中贮存。

贵州省地处云贵高原东侧斜坡上，属温暖温润的亚热带高原山地季风气候区，气候温暖，境内山峦起伏，立体气候差异明显，河流纵横，雨量充沛，生态环境复杂，多种蔬菜都能生长。在长期的生产实践中，贵州各族人民引进驯化选育了不少的优良品种，有的品种具有重要的经济性状，特别是形成了许多有特色的大白菜地方品种资源，为全省的蔬菜栽培和新品种选育提供了丰富的物质基础。贵州省由于立体气候差异明显，形成了较为丰富的大白菜地方品种资源，1986—1990 年，贵州省搜集整理和繁殖更新送交国家种质资源库长期保存的大白菜资源有 132 份，特别是特晚抽薹大白菜品种资源较为丰富，如贵阳清明白、迟白菜，安顺黄点心，安西北、黄秧白等，不仅是育种的优良种质资源，而且在生产上直接利用也产生了相当的价值。在贵州大白菜杂种优势育种中利用这些特有的晚抽薹资源育出了许多优良的自交系、自交不亲和系及胞质雄不育系。特别是在 2008 年贵州严重凝冻灾害时，在海拔 2 300 余 m 的地方，-12 ℃连续 3 d 多的情况下，经过田间调查，在国内外品种几乎全被冻死的情况下，从当地种植的 3 000 多亩地方品种"黄秧白"中，找到受冻害很轻的 18 株单株，经自交后，分离很大，以后从中选育出一些优良的抗寒、晚抽薹自交系、自交不亲和系及转育出优良的胞质雄不育系。

第五节　亲本系的选育

选育亲本系是杂种优势育种工作的基础，是一个比较漫长的过程。育种实践表明，一个优良的亲本系应具备配合力高、整齐度高、特异性突出、抗病、抗逆、综合性状及品质优良等基本条件。大白菜属异花授粉作物，农家品种多是一个高度杂合的群体，经过连续多代人工强制单株自交，可使有害的隐性基因纯合表现出来，通过选择加以淘汰；一些有利的基因通过选择，逐步得到累积、纯化、稳定和加强，性状上达到整齐一致。大白菜杂种优势育种的程序中，主要步骤是优良亲本系的选育、配合力测定和优良杂交组合的选配，这三项工作可概括为"先纯后杂"。

一、自交系的选育

（一）选用优良的品种或杂交种作为育成优良自交系的基础材料

实践证明，优良自交系大多来自优良的品种。为了增加成功的机会，应该选用优良的品种或杂交种作为分离自交系的基础材料。同时，为了增强预见性，自交系的选育应该在品种观察、鉴定和品种间配合力初步测定的基础上进行，这样可以把工作重点集中在有希望的品种内。另外在自交系的选育过程中同时进行自交系间配合力测定，使配合力测定结果与自交系选育相互参考，以便在较短的时间内育成一批优良的自交系。

（二）选择优良的单株连续自交

在选定的优良品种或杂交种内选择优良的单株分别进行自交。第一年先从观察鉴定圃中按育种目标选择一些优良品种的植株作种株，一般可先选留20~30株。第二年再从中选出10~15株定植，开花前单株套袋隔离人工蕾期授粉自交采种。每一单株采30个左右的种荚，约300粒种子，分别编号登记贮存。到下一栽培季节，各单株的种子分别种一个小区，原始材料为地方品种的单株自交后代，可种30~40株；原始材料为杂交一代的单株自交后代，可种60~100株。一般对原始材料为地方品种者开始选株自交时应多选一些单株进行自交，而每一自交株的后代可种植相对较少的株数；对原始材料为杂交一代的则可相对少选一些植株自交，但每一自交株的后代应种植相对较多的株数。对于株间一致性较强的品种可以相对少选一些单株自交，对于株间一致性较差的品种应该对各种有价值类型都选有代表性的植株。通常是春季花期单株自交，秋季进行经济性状的鉴定选择。但耐热品种应在夏季种植鉴定，晚抽薹品种则应在晚秋播种越冬栽培早春鉴定或早春种植鉴定。为了加速育种进程，可以在人工加代室连续自交2～3代，然后进行一次经济性状的鉴定选择；也可采用小孢子培养技术选育亲本自交系。

（三）逐代淘汰选择和选株自交

在进行经济性状的鉴定、选择时，可在诸多的S1自交株系中，根据育种目标性状的要求，先淘汰一部分表现不良的S1自交株系，在中选的各自交株系内分别选取几株至十几株优良单株继续进行自交。应该注意中选植株不宜过分集中在少数几个S1株系内，以免将来育成的自交系大多性状相近，配组后杂种优势不强。在连续选株和自交的过程中，应注意类型上的多样性和性状上的典型性，以育成性状、特点彼此不同的众多自交系，而不一定对每个自交系都要求面面俱到，这样才有利于获得性状互补、优势较强的一代杂种。

选育优良自交系，除了在营养生长期针对主要经济性状进行选择外，还要注意开花结实性状的选择。将自交后分离出不良花期性状的材料，如结实不良、小瓣，以及种荚畸形、蜜腺发育不良、种株越冬性、抗病性差的植株或株系应加以淘汰。自交和选择一般进行4～5代，直至获得纯度很高、主要性状不再分离、生活力不再明显衰退的自交系为止。以后各自交系必须在人工隔离区或自然隔离区分别繁殖，在此期间要防止异系花粉污染，因为自交系纯度越高，越容易接受异系花粉。

在自交系选育的过程中，为了避免错乱和便于考察系谱，各自交系应编号。编号时，一般将品种代号写在前面，S代表自交，后面写上各代的株号，各代之间用横线"-"隔开。如AS2-4-5-8，表示本系为A品种已经连续自交4代，2、4、5、8分别是各代的株号。

（四）轮回选择法选育自交系

轮回选择法是詹金斯（Jenkins，1940）首先提出来的。这种方法主要程序是，按育种目标要求，从各育种材料的基础群体中选择优良单株进行自交和配合力测定。根据测定结果，将同一份材料的各中选优良单株彼此互交，或安排在一个隔离区内令其自然授粉，从而形成一个遗传基础更加优良的新群体,这一过程称为一次轮回选择。根据轮回选择的效果能否满足育种目标要求,可进行一次或多次轮回选择。通过轮回选择进行群体主要经济性状改良的遗传基础是数量遗传,其遗传特点是受微效多基因控制,而且易受环境影响。大白菜的产量、营养品质、抗逆性、叶球紧实度等均属数量性状遗传,要从多基因控制的数量性状中,选出纯合优良的个体,其概率很低。通过轮回选择实行亲本的群体改良,有利于选育出优良的自交系,进而育成优势显著的杂种一代。目前该方法已成为国内外育种工作者应用的主要方法。其作用有:①提高群体内数量性状有利基因的频率。通过多次轮回选择,可把分别存在于群体内不同个体、不同位点上的有利基因积聚起来,提高优良基因型出现的频率,以增加选择优良个体的概率。②打破不利的基因连锁,增加有利基因重组。多次的杂交结果大大提高了基因重组的概率,增加了符合育种目标要求的理想个体的产生和选择机会。③能使群体不断保持较高的遗传变异水平,增加选择机会。异花授粉作物在自交系选育的过程中,由于连续严格的近亲繁殖,基因型迅速纯合,往往限制了基因的分离和重组,使选择的遗传基础和范围狭窄,常使许多有利基因丢失。④轮回选择利于满足长期的育种目标的要求。轮回选择除满足近期育种目标需要的同时,还可以合成具有丰富基因贮备的种质库,以便能从改良的群体中不断分离出优良株系,群体本身又能保持丰富的变异,可供人们继续选择和利用,从而可使育种工作得以持续,群体则常选常新,不断满足育种目标对多种优良性状选择的需要。

二、自交不亲和系的选育

大白菜自交不亲和是指同一个材料自身雄蕊、雌蕊发育正常,雄性可育、花药有正常花粉,但在开花授粉过程中个体自交和群体兄妹交又不结实的特性。利用大白菜自交不亲和的特性来研究和配制杂交种,称之为自交不亲和系杂交育种。

(一)大白菜自交亲和性与不亲和性的概念

大白菜自交亲和性,就是同一株或同一朵大白菜的正常花粉落在本株或本花的柱头上,其花粉粒能正常发芽,花粉管能穿过柱头,顺利完成正常的受精过程,花粉与雌蕊之间起着相互促进作用,这种情况称为自交亲和性。而自交不亲和,就是植株或花朵的花粉落在自身的柱头上不能正常发芽或者发芽后不能穿过柱头,或穿过柱头后花粉管在花柱上不能继续延伸,或花粉管到胚囊后精细胞和卵细胞不能正常结合,不能完成受精过程,花粉和雌蕊之间互相表现出抑制作用，称为自交不亲和性。

自交不亲和性，除了大白菜等十字花科作物外，还广泛存于豆科、茄科等许多种植物中。据 East（1940）估计，有 3 000 种以上植物存在着自交不亲和性，其中在十字花科作物中自交不亲和性更为普遍。

（二）自交不亲和性的形成

自交不亲和性是植物长期进化过程中形成的，是异花授粉植物共有的特性。达尔文在研究了众多动植物后得到一条重要的法则，即：动植物的非近亲交配是极其有益甚至是必要的，而多代近亲繁殖极为有害。因此，植物自交不亲和性的形成是自然选择的结果。

（三）自交不亲和程度的分离及其在杂种优势利用中的意义

在人工选择下，可以通过选择压力把育种材料分离成自交亲和类型和自交不亲和类型。将此继续选择并稳定个体和群体兄妹间的这种特性，形成稳定的自交亲和系或自交不亲和系，在杂种优势育种中加以利用。

（四）自交不亲和系的选育

1. 自交不亲和性的选择标准

大白菜属于自交不亲和类型，但这种自交不亲和只存在于植株个体内，对于大白菜的一个品种或一个材料群体来说，它的兄妹间授粉自交是亲和的，以此才能完成本身品种的繁衍和作为农作物的生产。对于作为杂种优势利用的自交不亲和系，只是具有植株个体内自交不亲和，没有实际的应用意义，因为要将优势应用于生产，须生产大量的杂交种，因而必须在材料群体内个体自交和植株间兄妹交均不亲和。因此，作为杂种优势利用的大白菜自交不亲和系，必须是自交和植株间兄妹交的不亲和性同时存在于此材料中，且自交亲和指数（亲和指数 = 花期人工授粉结子数／花期人工授粉花数）必须小于 2，花期人工授粉花数以 30～60 朵为宜。

2. 自交不亲和系的选育方法

（1）通过品种杂交从后代分离中选择自交不亲和系。用套袋自交的方法让品种材料杂交，从中选择自交结实率低的材料，经过 5～6 代选择，育成自交不亲和系。

（2）用现有的自交不亲和系杂交转育成新的自交不亲和系。

（3）从现有品种材料中连续套袋自交筛选自交不亲和材料。

（五）大白菜自交不亲和系选育的注意事项

大白菜是异花授粉作物，在大白菜自然群体中，产生自交不亲和性。自交不亲和系的选育实际上就是从杂合的群体中选出具有自交不亲和性较强的纯合自交系。为了确保自交不亲和系在生产上应用时达到96%以上的杂交率，在选育时应注意以下几个问题。

（1）对所选大白菜自交系要进行亲和指数鉴定。鉴定时花期人工授粉花数以30~60朵为宜，其亲和指数必须小于2。有些品种不亲和性受温度影响较大，温度增高亲和性增高，这些稳定性较差的不亲和系应淘汰。

（2）大白菜自交不亲和系之间存在着不亲和现象，用不同自交不亲和系配置杂交种时，注意将主要经济性状、配合力与自交不亲和性选择相结合，选择杂交结实率高的自交不亲和系为双亲，从而提高制种产量。

（3）尽量选择大白菜某方面具有特异性状的自交系，如抗逆性强、品质好、抗病性强等。

（4）对已育成的优良自交不亲和系，尽量集中一年多繁种子，低温低湿保存，供以后数年使用，防止多年加代亲本退化。

（六）自交不亲和系杂优组合的选配

自交不亲和系杂优组合选配就是以育成的自交不亲和系作母本，现有的自交系或自交不亲和系作父本，进行组合测配，对测配组合 F_1 进行比较鉴定，同时套袋自交进行组合恢复自交不亲和能力的鉴定，从中筛选品质优、产量高、抗性好的组合。

（七）自交不亲和系的繁殖

自交不亲和系开花以后，本身自交和兄妹自交不结实或结实系数极低，因此，如何进行自身的繁衍，提供较多亲本用于大面积制种，是一个极重要的问题。目前自交不亲和系的繁殖方法有剥蕾自交、氯化钠溶液花期喷雾等。

1. 剥蕾自交

剥蕾自交的技术原理，是自交不亲和系在开花前1~4 d本身柱头上未生成一种对自生花粉产生隔离作用的隔离层，使花粉不能萌发进入胚囊。因此自交不亲和系在开花前1~4 d本身柱头上此隔离层未形成前提前将自交不亲和系的花蕾剥开，把花粉授予未形成隔离层的柱头上，使其花粉正常发芽受精。这种方法适宜于品种选育中的自交不亲和系的选择和育成材料原原种

的整理与保存。其缺点是效率低，既费工又费时，成本高，满足不了大面积
制种对亲本量的需要。

2. 花期喷雾氯化钠溶液

20 世纪 80 年代起，国内在大白菜杂种优势利用中有利用氯化钠溶液来
克服大白菜自交不亲和性的报道。2011—2012 年赵大芹利用氯化钠溶液对自
交不亲和系 C-1、Zui-1 进行了处理，试验结果看出，用 5% 的氯化钠溶液
花期喷雾 4 次，其亲和指数分别达 9.76 和 6.58，比不喷雾的对照亲和指数分
别高出 9.72 和 6.32，其中群体采用氯化钠溶液喷雾 4 次的自交不亲和系亲本
种子单产分别达 16.2 kg/667 m² 和 11.7 kg/667 m²，较好地解决了制种生产对
亲本种子的需要。

3. 自交不亲和系的其他繁殖方法

除了以上繁殖方法外，国内外学者通过研究，还提出了电助授粉法、热
助授粉法、铜刷授粉法、CO_2 处理法、化学处理法等。电助授粉法是在镊子
与花梗之间通过 90～100V 的电流；热助授粉法是采用温度 70～80 ℃的电烙
处理柱头；铜刷授粉法是机械处理柱头以破除隔离层；CO_2 处理法是将外界
气体 CO_2 浓度提高 3%～5%（用 3.6%～5.9% 的 CO_2 浓度处理 52 h）；化学
试剂法是通过各种化学试剂处理柱头，如 90% 的酒精、1.5 mol/L 的硫铵溶
液、2 mol/L 的尿素水溶液等。这些方法同时存在使用不便、效率不高的弊
端，实用性不如前面两种。

三、细胞质雄性不育系的选育

大白菜花器小，雌雄同花，杂交制种的母本，只有通过选育雄性不育或
生理上本身花粉不能受精结实如自交不亲和等手段，使母本在制种中自身不
能结实，从而接受父本花粉受精才能产生大量的杂种。因此选育雄性不育并
能稳定遗传的大白菜不育系是杂优育种的主要渠道。目前大白菜杂种优势育
种中最简便最有效的途径是细胞质雄性不育系的选育及利用。

（一）我国大白菜雄性不育系研究概况

我国自 20 世纪 70 年代开始开展大白菜雄性不育系的选育与利用研究。
谭其猛（1973）、钮心铬（1974）、陶国华（1978）先后发现隐性核不育材
料，并育成了雄性不育"两用系"。张书芳（1979）利用雄性不育"两用系"
育成了沈阳快菜一代杂种。张书芳等（1990）首先发现了大白菜核基因互作
雄性不育遗传现象，育成了具有 100% 不育株率的大白菜核基因互作雄性不

育系，并提出了"大白菜显性上位互作雄性不育遗传假说"。冯辉等（1996）针对核基因互作雄性不育系的遗传特点，首先提出了"大白菜核基因雄性不育复等位基因遗传假说"，并设计遗传分析试验证明了育成的具有 100% 不育株率的不育系的不育性，是由一个核基因位点上的三个复等位基因控制。

20 世纪 80 年代开始对细胞质雄性不育系进行研究与利用。对 Ogura 细胞质雄性不育源的研究可以分为三个阶段。80 年代由美国威斯康星大学引入第一代 Ogura 细胞质白菜不育材料，多家单位利用该不育源进行了广泛的转育研究。经过多年的选择和培育，虽然对该不育材料的蜜腺退化、幼苗黄化、结实不良等缺陷有所改进，但是终因用其配制的杂种组合优势不强而停顿。90 年代初由美国康奈尔大学引进第二代 Ogura 细胞质白菜不育材料，也因配合力不强未能发展应用。90 年代中期引进第三代 Ogura 细胞质白菜不育材料，分别来自甘蓝或甘蓝型油菜，通过种间杂交和多代回交，获得大白菜细胞质雄性不育系。该不育系不育性稳定，不育度 100%，蜜腺正常，结实性良好，配合力高，并用于杂种一代的生产。

柯桂兰等（1989）引进甘蓝型油菜 Pol CMS，首先成功转育成大白菜雄性不育系 CMS3411-7，配制出优良组合杂 13 和杂 14，并大面积应用于生产。之后陈文辉（1992）、金永庆等（2000）、晏儒来等（2000）、沈火林（2005）相继利用 Pol CMS 为不育源育成大白菜、小白菜、紫菜薹等不育系和新品种。

（二）雄性不育材料的主要类型

目前较普遍利用的大白菜雄性不育，一类是胞质雄性不育，单纯的细胞质雄性不育是指不育性仅受细胞质基因控制，与细胞核无关，这种不育系找不到恢复系。二类是细胞核不育，不育性由细胞核不育基因控制，与细胞质无关。三类是核质互作型雄不育，其不育性由细胞质基因和细胞核基因共同控制，当细胞质和细胞核均为不育基因时，才表现为不育。

（三）细胞质雄性不育的主要特征特性

1. 不育系花器的形态学特征

利用细胞质雄性不育系转育的新的细胞质雄性不育系，其不育性稳定，株型特征与相应的保持系相像，农艺性状与保持系一致，从苗期一直到花期几乎难以区分，到成熟时，大部分不育系植株略高于对应的保持系。不育系的花萼、雌蕊都发育正常，正常的开花、授粉和结实；部分花在花瓣未展开之前有突柱现象，突柱长度为花蕾的1/3左右；花瓣正常，蜜腺发育正常，不影响昆虫的授粉。

2. 可育系、不育系在花器植物学形态上的差异

可育系、不育系从其花朵上花药的形状、颜色，花粉的有无，雌、雄蕊长短等方面极易区别。

可育系雌、雄蕊生育均正常，四强雄蕊一般稍长于雌蕊，雌、雄蕊比值小于1；不育系雄蕊退化，长度显著短于雌蕊，长度约为雌蕊的一半左右。花药可育型的花药发育正常，颜色黄色、花粉充足、体积较大；不育型的花药瘦秕，戟形，白色，无花粉，有的已退化的完全无花药。

（四）获得细胞质雄性不育材料的途径

获得细胞质雄性不育原始材料是培育细胞质雄性不育系的前提。细胞质雄性不育材料的主要来源：自然突变发现的天然雄性不育株，自然变异广泛存在于作物群体中，其中也不乏天然雄性不育株的出现，给人们带来利用价值；品种间杂交后代出现的雄性不育；远缘杂交后代出现的雄性不育；通过细胞融合人工合成的雄性不育。

（五）一个理想的大白菜不育系应具备的条件

1. 不育性稳定

不育系的不育性，不因保持系多代回交而育性恢复，也不因环境条件的变化（如气温的升降等）使不育性发生变化。

2. 开花习性好，花器发达，异交结实率高

开花习性好指开花较为集中，花朵正常开放，无闭蕾、死蕾或只有很少的闭蕾、死蕾现象。花器发达是指雌蕊发育正常、可育，且柱头的生活时间长等。蜜腺发育正常，不影响昆虫的授粉。

3. 配合力好，容易配出强优势组合

这要求不育系必须有优良的丰产株型和相应的生理基础，并在一些主要的优良经济性状方面与父本系能够互补。优势的强弱与父、母本遗传距离和血缘的远近有关。适当加大不育系与父本系之间在主要性状上的遗传差异，是一个优良不育系具备好的配合力的重要条件。

4. 抗性强

对当地的主要病虫害表现抗（耐）的特点，至少能抗（耐）最主要的1～2种病虫害。

（六）大白菜细胞质雄性不育系的转育

为了不断提高杂交大白菜的产量、品质、抗逆性和杂交种的制种产量、质量及经济效益等，目前最好最有效的途径是选育大白菜细胞质雄性不育系来配制杂交组合及一代种的生产。

由于大白菜种植范围广泛，且几乎一年四季都在种植，有秋冬正季大白菜、晚秋播种早春收的春大白菜，有早春播种晚春收的、有春播春夏收的、有夏季播种夏收或夏秋收的、有早秋播晚秋收的等。因此大白菜选育首先必须要选育有适应多种不同季节、不同生态环境及耕作制度的多种多样的不育系。通过已育成的不育系进行转育是培育新不育系最快捷、最省事的有效办法。不育系转育方法分两步。

第一步是测定。广泛选定不同的优良自交系作父本与不育系杂交，观察 F_1、BC_1 以至 BC_2 的育性表现。必须是全不育才行，应当在大白菜初花期、盛花期和终花期认真观察，检查植株及花朵的育性情况，是否表现彻底不育。最终选择出表现彻底不育且稳定的优良不育系。

第二步是择优回交。经测交证明有希望转育成功的组合，要以优良的父本自交系逐代连续回交进行核置换，尽快让母本达到与父本同型，育成经济性状与父本性状相同的稳定的不育系。所谓择优回交，就是在不育株率和不育度为 100% 的组合中选择优良性状多、开花习性良好的单株成对回交。程序是先选组合，再在中选组合中选择最优单株。

第六节　杂交亲本的选择与选配原则

一、亲本的选择

育种目标确定之后，要围绕目标选亲本。亲本的选择应着重考虑育成品种在何种生态环境下栽培，需要具有哪些抗逆性，生育期多长，商品外观有何要求，食用品质应具备哪些特点，单位面积产量要达到何等水平。

针对这些指标可选择两类亲本材料。第一类是综合性状良好，即多数性状符合或接近育种目标的材料。第二类是有突出优点的材料。即虽然综合性状与育种目标相距较远，但某一性状符合育种目标，具有突出优点。

一般应选适应性强，综合性状好的地方品种为母本，针对母本需要改良的性状选择另一材料作父本与其杂交；杂交亲本之间的遗传差异应适当扩大。

二、亲本选配原则

杂交育种要求所选配的亲本优良性状加在一起应能满足育种目标的要求。选配杂交亲本的主要原则：优势互补，优点递加原则；主要优点突出且遗传力强，不良性状少的原则；遗传差异大的原则。

（一）优势互补，优点递加原则

要想选育的新品种具有较多的优点，较少的缺点，就要求其亲本的优点多、缺点少，育种目标能在亲本的多个优良性状中集中体现，且一亲本缺点必须被另外亲本的优点所克服。亲本中可以有共同的优点，但不能有共同的缺点。在优势互补的基础上亲本间应具有较多相同的优良性状，优良性状可以递加，优上加优，就能选出超过亲本的后代。

（二）主要优点突出且遗传力强，不良性状少的原则

亲本的主要目标性状的优点要突出，比如产量要高，主要优良性状的遗传力要强，能够稳定地遗传下去；其他不良性状少，以便在后代中能有效而快速地选育出综合性状更好的品种。如果缺点较多，则需要经过多亲本、多世代的改良，不仅耗费过多的时间、精力和经费，而且难以选出优良品种。在实际中，往往选择当地推广品种，针对某一性状进行改良。

（三）遗传差异大的原则

亲本间亲缘关系小，遗传差异大，其后代中产生的变异就较大，通过重组容易产生超越亲本的性状而出现更优良的性状，这就要求对选择亲本的遗传背景要清楚。当不太清楚遗传背景时，在实际中往往通过选择地理远缘的亲本杂交，因为地理远缘的材料生态差异大，各种性状的遗传差异也较大，从后代中往往可能选出优异性状的组合材料。

第七节　杂交组合配置方式

杂交组合的配置方式一般有单交、回交和复交（包括三交和双交等）。

一、单交

单交即两个亲本相互之间的杂交，包括正交（A×B）和反交（B×A），这是杂交育种中比较常用的方法。它的特点是亲本少，只需一次杂交，杂交

花朵少，杂种稳定快，育种年限短。如果两亲本的优良性状能满足育种目标的需要，尽量用单交。单交一般以当地优良品种为母本，外来材料为父本进行杂交。因为当地优良品种除了具有很多优良性状外，还具有较好的适应性，用其作母本能较快地选育出能较好适应当地环境的品种。另外，有的性状具有母体效应，在亲本选配时最好用具有母体效应性状好的品种作母本，可提高选择效率。

二、回交

回交也涉及两个亲本，与单交不同的是在杂交后代中，从杂交一代开始用其中一个亲本与之连续杂交的方法。与之连续杂交的亲本叫轮回亲本，而另一亲本则叫非轮回亲本，如（A×B）F_1×A，叫回交一代，[（A×B）F_1×A]×A，叫回交二代，等等。其中A为轮回亲本，B为非轮回亲本，回交一代、回交二代……也可简称为B_1、B_2……。回交最主要的特点是目标准确，后代稳定快，效率高。如果一个亲本具有很多优良性状，仅需改良个别性状（目标性状），最好用回交法进行改良，可用需改良性状亲本做轮回亲本，提供单一优良性状的亲本做非轮回亲本，在后代中针对目标性状进行选择回交。

三、复交

亲本中涉及3个或3个以上亲本的杂交叫复交，包括三交、双交和多交。三交是指3个亲本杂交（如A×B×C）；双交是指2个亲本分别杂交后与后代再彼此相交，包括4个亲本（A×B）×（C×D）和3个亲本（A×B）×（B×C）的双交；多交是指多个亲本相互杂交后与后代再彼此相交。复交的特点是优良基因多，遗传范围广，后代中出现较大变异和遗传重组的概率大，有望得到综合性状好的后代材料，但需要群体大，稳定世代长，工作量大。一般在2个亲本杂交的优良性状不能满足育种需要时，可采用具有这些优良性状的亲本进行复合杂交，具体选用多少亲本，采取何种杂交方式，则需要根据育种目标和已掌握亲本的目标优良性状等情况而定。

第八节　品种比较试验、区域试验和生产试验

经上述过程选出优良组合后，要配制出选定组合的杂种种子，然后按一般育种程序进行品种比较试验、生产试验和区域试验。

一、品种比较试验

通过配合力测定，当选的优良组合，应进行小区品种（组合）比较试验。其小区面积为 3～10 m²，设置对照和三次重复。对照品种为当前生产中大面积推广应用的同类型品种。试验环境应当接近大田生产条件，以提高试验的精确性和保证试验的代表性。品种（组合）比较试验要连续进行两年，并根据田间观察鉴定及试验结果，决选出 1～2 个比对照品种显著优越的组合参加区域试验和生产试验。

二、区域试验和生产试验

新品种（组合）区域试验是在不同的自然生态环境条件下测定新品种（组合）的适应性和稳定性。区域试验要连续进行两年，对第一年在区域试验中表现突出的，第二年在区域试验的同时，可同时在典型的生态区域内进行生产试验，以便确定品种适宜推广的区域，加快品种选育的进程。

三、品种的审定与大面积生产应用

经过以上鉴定选择程序后所获得的综合性状表现优良的杂交新组合，可申请农作物的新品种审定、命名并推广。大白菜杂交一代新品种除了产量外，还要全面考虑综合经济性状的优劣及区域的适应性等。为了加速新品种选育过程，对一些表现突出的优异组合，在品种比较试验阶段，就应该同时注重研究和加速种子的制种进程和规模，在进行生产试验的同时，可以进行不同生态地区的试验示范，以便尽快地将优良品种应用于生产。

参考文献

程堂云，刘文秀，产焰坤，等．2004．作物轮回选择方法及其育种应用 [J]．安徽农业科学，32（1）：148-152．

傅廷栋，杨小牛．1989．甘蓝型油菜波里马雄性不育系的选育与研究 [J]．华中农业大学学报（3）：201-207．

傅廷栋．1990．中国油菜杂种优势利用研究概况 [J]．作物研究（3）：1-4．

贾桂珍，宋光森．1989．氯化钠处理繁殖甘蓝和白菜自交不亲和系试验 [J]．蔬菜（1）：8-9．

柯桂兰．2010．中国大白菜育种学 [M]．北京：中国农业出版社．

李福元，李梅荣．1986．利用食盐水克服大白菜自交不亲和性试验简报 [J]．中国蔬菜，1（1）：22-30．

李桂花，张衍荣，曹健，等．2003．十字花科蔬菜雄性不育在杂交育种上的利用 [J]．长江蔬菜（4）：32-36．

李杰林，刘桂芝．1990．喷射 NaCl 繁殖大白菜自交不亲和系 [J]．山西农业科学（5）：22-23．

孟祥栋，李吉奎，傅静尘．1993．大白菜自交不亲和系种子生长发育规律研究［J］．种
　　子（2）：29-31．

沈阳农学院．1980．蔬菜育种学［M］．北京：农业出版社．

宋尚伟，王兰菊，张晓伟，等．2003．大白菜喷施 NaCl 克服自交不亲和性的研究［J］．
　　安徽农业科学，31（5）：831-832．

谭翀，岳艳玲．2013．NaCl 溶液克服大白菜自交不亲和性的研究［J］．长江蔬菜（14）：
　　14-16．

谭其猛．1978．论选育十字花科蔬菜一代杂种过程中两种测验的配组法［J］．沈阳农业
　　大学学报（1）．

韦顺恋，黄忠华，等．1987．氯化钠用于繁殖十字花科蔬菜自交不亲和系的实用效果［J］．
　　长江蔬菜（2）．

徐跃进，胡春根．2014．园艺植物育种学［M］．北京：高等教育出版社．

詹云，温玲，冯一新，等．2001．轮回选择方法对大白菜群体改良效果研究［J］．北方
　　园艺（2）：18-20．

张文邦，戴国强，邱孝育．1984．介绍一种克服甘蓝自交不亲和的新方法［J］．中国蔬
　　菜，1（4）．

赵大芹，董恩省，王鹏，等．2013．耐抽薹春大白菜新品种"黔白 5 号"的选育［J］．种
　　子（9）：102-103．

周长久．1996．现代蔬菜育种学［M］．北京：科学技术文献出版社．

朱玉英．1998．Ogura 细胞质甘蓝雄性不育系选育及其利用［J］．上海农业学报（2）：
　　19-24．

East E M.1936．Heterosis［J］．Genetics，21（4）：375．

（赵大芹）

第七章
贵州大白菜杂种优势利用研究概况

第一节　贵州大白菜杂种优势利用研究历程

贵州大白菜杂种优势利用研究起步相对较晚，20世纪70年代末以前主要开展原始材料的收集；80年代初期开始进行自交系、自交不亲和系的选育；80年代中后期开始进行杂交组合的配制；90年代中后期开始开展雄性不育系的选育，经过多年多代反复研究及选育，最后育出了不育株率及不育度均为100%的胞质雄性不育系；从2006年起开展了单倍体育种技术研究，形成了大白菜小孢子培养技术体系，先后培育出一批小孢子纯系。经过多年的努力，筛选和创新出一批主要经济性状优良的育种材料，特别是育成了大量特晚抽薹的自交系、自交不亲和系及雄性不育系。贵州省园艺研究所大白菜育种课题组在20世纪70年代末以来，通过育种工作者的辛勤耕耘，经过连续几个五年攻关，通过选育高代自交系、自交不亲和系、雄性不育系及DH系等途径，历经了正季高产、优质，夏季耐热、丰产，春季抗寒、耐抽薹杂交一代新品种的选育研究，2000—2013年的时间里，先后育成了通过省品种审定的优质高产秋大白菜一代种黔白1、2、3号；耐热丰产的夏大白菜一代种黔白4、6、7号；抗寒耐抽薹的春大白菜一代种黔白5、8、9、10号，并在全省各地推广，特别是抗寒耐抽薹的春大白菜一代种还在省外有了一定推广应用，产生了良好的经济社会效益。同时也经历了种质创新研究与育种技术研究（包括单倍体育种技术，雄性不育系选育及制种技术研究，抗寒、耐抽薹生理生化的研究）及生物技术研究（包括组织培养、单倍体育种，耐抽薹大白菜基因重测序、转录组测序、基因定位等）等多个阶段，取得了一定的成绩。

由于选育出了适宜贵州不同季节和不同生态型的春、夏、秋播大白菜一代杂种应用于生产，加之配套栽培技术的研究应用，对贵州大白菜周年生产的丰产、稳产发挥了重要作用，目前已实现了大白菜的周年生产及均衡供应，产生了良好的经济社会效益，同时为贵州省大白菜育种工作奠定了良好的基础，推动了贵州大白菜育种工作的健康发展。贵州省大白菜育种的发展历程总结于表 7-1。

表 7-1　贵州省大白菜杂种优势利用研究的发展历程

年份（代）	发展阶段
20 世纪 70 年代	地方品种的搜集整理和提纯复壮阶段
1987—1990 年	杂种优势利用的兴起阶段
1991—1995 年	突出正季高产大白菜一代杂种选育阶段，同时开展雄性不育系的选育研究
1992—1996 年	突出杂交一代种高产制种技术研究
1996—2000 年	突出优质大白菜杂交一代种选育，开展胞质雄性不育系的选育
1997—2000 年	开展大白菜夏繁研究
2001—2008 年	"黔白 1、2、3 号"新品种示范推广
2001—2005 年	突出优质大白菜杂交一代种选育
2006—2007 年	单倍体育种技术兴起阶段
2006—2010 年	突出耐热丰产大白菜一代种选育。重视常规育种与单倍体育种相结合的发展阶段
2008—2010 年	大白菜新品种"黔白 4、6、7 号"栽培研究及示范推广
2008—2011 年	突出晚抽薹丰产大白菜一代种选育，同时注重常规育种与生理生化和生物技术育种相结合的发展阶段
2011—2014 年	晚抽薹大白菜制种技术研究及示范阶段
2013—2018 年	晚抽薹春大白菜一代种及配套技术研究和示范推广阶段

第二节　大白菜的自交与杂交技术

一、大白菜的自交技术

在大白菜育种过程中，自交技术已成为新品种（品系）或育种材料的选育、保存、亲本繁殖、提纯品种或原始资源材料，或对某些性状进行分离纯化所必须应用的方法。

大白菜是自交不亲和性很强的作物，对于自交亲和系可以采取套袋自交的方法获得自交种子；但对于自交不亲和系来说，采取套袋自交难以获得自交种子。因此对于自交不亲和系，必须采取特殊的自交技术。通常是在蕾期采取剥蕾授粉的方法以提高自交结实率，获得所需的自交种子。

大白菜剥蕾授粉自交的原理：在大白菜开花前，其柱头还未形成能阻止本身（本株或同花）花粉进入的隔离层，因而能接受本身花粉发芽进入完成受精过程形成自交种子。大白菜剥蕾自交的方法：在进行剥蕾自交的前一天，选择要进行剥蕾自交的单株进行套袋，第二天对套袋单株上花蕾进行剥蕾（剥蕾方法：选择大小适中的花蕾用尖头镊子把花蕾顶端的萼片和花瓣轻轻剥开，让雌蕊柱头露出，但不用去雄）。剥蕾从下往上进行，以中等大小的花蕾进行剥蕾授粉效果最好，花蕾现黄或外表呈现黄色花瓣的大蕾，剥蕾授粉结实性差，而太小的花蕾剥蕾授粉无效。一个花序第一次可剥 10～20个，以后每隔 3 d 左右继续往上剥蕾一次，一个花序可连续剥蕾 2～3 次，但第二、第三次剥的花蕾数一般比第一次的少，尖端太小的花蕾可以采用摘心摘除。对于剥开的花蕾，随即用经过套袋当天开放的本株新鲜花朵的花粉进行授粉自交，一定要边剥边授粉，从下往上逐朵进行，以免漏掉。授粉时花粉必须授到剥开的柱头上。如需要的种子量不多，可以先去掉顶端小花蕾后再套。套袋时，袋子的顶端应与花序上部隔一段空间。袋套好后，用圆形针把纸袋固定在植株上。并在纸袋的下面挂上小牌子，牌子上写上品种（材料）名称、自交符号、自交日期等。以后每 3～5 d 检查一次，如见到花序顶端接触到纸袋顶部时，要把纸袋往上提，以免花序顶破纸袋。待袋内的花朵开放完以后，即抽去纸袋，便于角果和籽粒进一步发育和成熟。剥蕾授粉要求的温度 12～30 ℃，以 18～25 ℃最为适宜。

为防止大白菜因自交而导致严重退化，可采用同株异枝授粉或同系姊妹间相互授粉的方法，或将同系的相邻两个单株的花序套在一个袋子内，进行兄妹交，可得到同系内姊妹间的自交种子。

二、大白菜的杂交技术

（一）选株

选择具有目标性状、符合育种要求的健壮植株作亲本。

（二）整序

其做法是去掉花序上端的小花蕾和下端已开放或即将开放的花蕾，留下适龄花蕾，准备剥蕾授粉。对不育材料的做法是在未开花时先套袋，以后只去掉未发育成熟的小花蕾和已丧失受精能力的已开花朵，待开花时可以直接授粉。

（三）剥蕾

将经整序的母本花序逐个用镊子把花蕾剥开，不能损伤雌蕊。对可育材料一般在授粉的当天上午进行剥蕾，剥蕾后最好马上授粉；对不育材料可在授粉的当天上午进行剥蕾，剥蕾后马上授粉，也可无须剥蕾，套袋后待开花时可以直接授粉在柱头上。

（四）授粉

在剥蕾、采粉前要用酒精将手、镊子及装花粉的容器等消毒干净，防止手上或镊子上粘上其他花粉造成授粉时混杂。授粉过程中要严防其他花粉飞入造成混杂，采粉、授粉时要先将其他植株推开防止其他植株花粉落入。

将采集到的父本花朵分别放到小盒中，盒上注明品种名称，即可马上授粉。授粉时将父本花朵的花瓣先去掉，使雄蕊全部外露，以便于授粉。授粉时左手固定母本花朵，右手拿住父本花朵的花柄，然后把父本的花粉一个一个地涂在母本的柱头上。也可以用镊子将雄蕊一个一个分别夹住，再分别涂在母本的柱头上，这样还可以节约花粉。授好粉之后应马上套袋。

（五）挂牌

授粉套袋后，应马上挂牌。牌挂在杂交花序的底部，牌上写明杂交组合名称（母本 × 父本）、杂交时间、杂交人。2～3 d 后，检查一次袋子，约 1 周后，花瓣全部脱落，除去袋子，以便角果充分发育。

（六）收获

成熟时，将杂交花序分别收获、脱粒、保存。同时收母本分枝套袋自交的花序，以便来年鉴定真假杂种和进一步做组合用。

第三节　贵州大白菜的夏繁

利用我国或贵州省西部高海拔地区夏季较冷凉的气候条件进行异地种植繁殖亲本材料，包括自交系、自交不亲和系及雄性不育系等，以达到加速世代进程、缩短育种年限的目的，此过程称为"夏繁"。贵州大白菜的夏繁基地一般选在夏季较冷凉的高海拔地区如威宁、水城等。

夏繁中应注意的问题：由于夏季温度比冬季要高很多，对于我们选育的耐抽薹品种如果直接种植不能通过春化过程，因此，播种前需要进行人工低温春化处理才能抽薹开花。人工低温春化处理的具体做法是：首先将种子在冷水中浸泡 10 min，再放于 50～54 ℃温水中浸泡 30 min，再立即移入冷水中冷却浸种 1～2 h，这样有利于发芽。浸种完成后滤去水分，再用浓度为 0.5% 高锰酸钾溶液对种子浸泡 20 min 进行消毒，防止种子带菌。消毒后用清水洗去消毒液，然后进行催芽。催芽时把种子倒在浸湿的布上包好，放在 20～25 ℃下催芽，经 20～40 h 种子萌动后装入湿润纱布袋中，将袋摊平，置于 2～5 ℃的冰箱中进行低温春化处理，处理 25～40 d 后再播种育苗。经人工低温春化处理后，繁殖材料的抽薹率可达 80% 以上。

由于夏繁地的自然、气候生态条件与育种地有很大差异，在夏繁时材料中将出现较大的差异性变化，一般不宜进行选择。在夏繁时，还可以做一些遗传性状相关试验，如利用同一材料做异地性状观察试验，比较同一性状在两地表现的差异；在杂种后代中对一些性状进行上、下代的比较研究，以找出它们的相关性。

第四节　贵州大白菜自交系及自交不亲和系选育及利用

一、自交系及自交不亲和系选育的方法

贵州省大白菜自交系及自交不亲和系选育的方法主要有：

（1）从贵州省的地方品种中选择优良单株或从自然变异中连续套袋自交，筛选优良的自交系，同时对所选大白菜自交系进行亲和指数测定，从中选育自交不亲和系材料。

（2）从国外及省外引入品种中选择单株套袋自交分离，连续定向选择，筛选优良的自交系，同时对所选自交系进行亲和指数鉴定，从中选育优良自交不亲和系。

（3）通过自交系间或品种间杂交，从后代分离中选择单株套袋自交，连续定向选择优良自交系或自交不亲和系。

二、自交系及自交不亲和系的繁殖

（1）目前我们对自交系的选育，主要选择自交亲和性好的，由于不具有自交不亲和性，繁殖小量材料或单株繁殖与保纯时，需种量少，我们采用

纸袋或无纺布袋套袋隔离自交的方式繁殖；需种量较多时采用纱帐或网室隔离；当需要种子量大或繁殖面积不大又不宜用自然隔离时，除采用网室隔离外，还可利用大棚进行隔离。育苗后选株定植于棚内，并加强栽培管理，于开花前将纱网罩上，并在棚内放入蜜蜂，或人工辅助授粉，切忌将异种花粉带入大棚内。

（2）自交不亲和系的繁殖除了同自交系的繁殖一样需要隔离外，在新品种选育中的自交不亲和系的选择和育成材料原原种的整理与保存中，主要采用人工剥蕾自交方法繁殖。在需要提供较多亲本用于大面积制种时，在繁种隔离区或大棚内采取花期喷雾氯化钠溶液的方法进行自交不亲和系的繁殖。

三、优良自交系、自交不亲和系的选育

贵州省20世纪80年代初期开始进行自交系、自交不亲和系的选育，在广泛收集省内外品种资源的基础上，利用当地农家品种以及引入品种作为资源，采用自交系选育的几种方法，结合亲和指数鉴定，开始进行自交系、自交不亲和系的选育，经"八五""九五""十五"育出了大量优良的自交系、自交不亲和系。为贵州大白菜育种奠定了良好的基础。如利用从省外引入的'石特1号''福山大包头''北京大青口''玉青''河头早''青麻叶'等品种，从中选择单株，经自交分离后，从中连续定向选择，多代自交纯化获得一些高代优良自交系及自交不亲和系材料。同样利用国外品种如韩国品种'强势''春大强'，日本品种'健春''良庆'等也选育出一些优良自交系、自交不亲和系；利用贵州省特有的晚抽薹资源如'迟白菜''贵阳清明白''安顺黄点心'等选育出一批优良的自交系、自交不亲和系。特别是2008年在贵州57年不遇的低温凝冻灾害时，通过到各地考察调研，在海拔2 300 m的地方，在省内外品种均受到严重冻害的情况下，在当地种的3 000多亩大白菜地中，从地方品种'黄秧白'中找到了受冻害极轻的18株抗寒性好的植株，立即采取措施保存下来，后来利用这些材料培育出一些抗寒耐抽薹大白菜优良自交系、自交不亲和系及以后转育成一些胞质雄不育系，并利用这些优良亲本材料与以前利用贵州特有的耐抽薹地方品种清明白、黄点心等及国外引入品种培育的优良亲本材料，通过杂种优势育种，在2011—2013年育成审定了耐抽薹或特耐抽薹杂交一代新品种4个在生产上推广应用。

四、自交不亲和系杂优组合的选配及新品种审定

自交不亲和系杂优组合就是以育成的自交不亲和系作母本，现有的自交系或自交不亲和系作父本，进行组合测配，贵州省农业科学院园艺研究所从

20 世纪 80 年代初期用引进品种及贵州省地方品种，选育出大量优良的自交系及自交不亲和系，以育成的自交不亲和系作母本，育成的自交系或自交不亲和系作父本，采用半轮配法进行组合测配，配制了大量杂交组合。通过配合力测定，对测配组合 F_1 进行比较鉴定，从中筛选品质优、产量高、抗性好的组合。选出的优良组合经过区域试验、生产试验和多点试验示范，育成了自交不亲和系大白菜一代新品种（组合），其中"八五"至"九五"期间，育出了达全国先进水平的'黔白 1 号''黔白 2 号''黔白 3 号'高产优质大白菜杂交一代种，分别于 2000 年和 2006 年通过贵州省品种审定委员会审定，填补了贵州省大白菜杂交一代种选育的空白，成为贵州省第一批通过审定的大白菜自交不亲和杂种。并在国家成果转化资金项目及省成果重点推广项目的支持下，进行了中间试验及大面积示范推广应用，在贵州大白菜生产上发挥了一定的作用。

"十五"至"十一五"攻关期间，突出耐热丰产大白菜一代种选育，选育出了耐热高产优质的大白菜杂交一代种'黔白 4 号''黔白 6 号''黔白 7 号'，分别于 2007 年和 2010 年通过贵州省品种审定委员会审定。这些品种耐热性好，能在贵州炎热的夏季及夏秋季种植，于 7—10 月上市，填补贵州大白菜夏季及夏秋淡季市场，产生了良好的经济及社会效益。

特别是近十年来利用贵州特有的特耐抽薹资源，选育出了大量特耐抽薹的优良自交系、自交不亲和系及后来转育成了雄性不育系，利用这些优良育种材料通过杂种优势利用研究，选育出许多特耐抽薹大白菜杂交一代新品种（组合）。2011—2013 年来，育成并审定的特耐抽薹高产稳产杂交一代种'黔白 5 号''黔白 8 号''黔白 9 号''黔白 10 号'，耐抽薹性特强，能进行露地晚秋播种越冬栽培早春上市；也能在早春播种，春季及春夏上市。这些品种可填补 3—5 月全国性的大白菜春淡市场，在生产上大面积推广应用后，产生了良好的社会经济效益，具有广阔的市场前景（见文前彩插中图 7-1、图 7-2、图 7-3、图 7-4）。

第五节　贵州大白菜细胞质雄性不育系的选育及利用

贵州自 20 世纪 90 年代开始开展大白菜雄性不育系的选育。90 年代初从贵州省农业科学院油料研究所引进甘蓝型油菜的 Ogura 细胞质不育材料，利用该不育源进行了转育研究。但经过转育后发现后代群体存在致命的缺陷，该不育材料因苗期植株叶片黄化、蜜腺退化不发达、结实不良等缺陷而停顿。以后在田间的自交系、杂交组合或品种中也经常出现一些雄性不育株，都进行了广泛的测交研究，大部分都因不稳定或分离大而放弃。

1999年春，贵州省农业科学院园艺研究所大白菜课题从试验地中自育的一些自交系中发现了几株天然雄性不育株，发现雄性不育株后就采用单株成对测交及连续回交方法，选育出不育系和保持系。利用发现自交系 D86003 群体中自然突变的原始雄性不育株 D86003A 后，分别用 Q8825889 等 122 个可育自交系的花粉测交，通过下一代种植，发现原始雄性不育株 D86003A 的测交种子后代仍然全不育，继续测交，测交后代均能保持它的不育性，且不育性十分稳定、完全，叶片叶色正常，无黄化，蜜腺发育正常，不影响昆虫的授粉。几年来用来测交的大白菜品种（自交系）都是它的保持系，至今没有找到恢复系，证明该不育材料属于胞质不育材料，D86003A 测交过程见图 7-1。

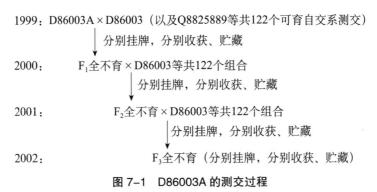

图 7-1 D86003A 的测交过程

从图 7-1 中看出，测交后代全部保持雄不育，不育株率和不育度均为100%，找不到恢复系，且经鉴定天然不育株的不育性能遗传给后代，不是不能遗传的生理不育，是变异出现的新不育性，应属于胞质雄不育。

2003 年起从 122 个测交后代中选择 7 个具有不同优良性状的后代继续进行雄不育系的转育。经回交转育培育成了 BD7、BQ6 等许多优良的胞质雄不育系。其中以测交后代 F₃ 代的 D86003A（编号 BD3）的回交转育为例，其转育过程见图 7-2。

在回交转育过程中，每个回交后代均表现 100% 的不育即不育株率和不育度均为 100%。从每个回交世代中选择农艺性状与父本自交系相似度高的优良单株，继续回交，直到不育系性状整齐稳定且与父本自交系农艺性状高度相似。选育出的优良雄不育系经配合力测定，培育出一系列优良杂交组

合，同时对雄性不育系制种技术进行了研究总结，目前不育系已用于大面积
一代种的生产，取得良好的经济及社会效益。

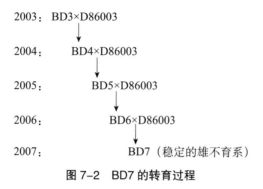

2003：BD3×D86003

2004：　　BD4×D86003

2005：　　　BD5×D86003

2006：　　　　BD6×D86003

2007：　　　　　BD7（稳定的雄不育系）

图 7-2　BD7 的转育过程

第六节　贵州大白菜生物技术研究概况

一、小孢子培养技术研究及应用

2006 年在贵州省动植物育种专项项目的支持下，贵州省园艺研究所开
展了大白菜小孢子培养技术研究，建立了大白菜小孢子培养技术体系，利用
小孢子培养技术获得双单倍体（Double Haploid，DH）1 500 株，获得优良
DH 系 30 个，并用于杂交组合的配制（详见第九章）。

二、大白菜生物技术的开展

贵州省园艺研究所大白菜课题组就获得的特殊耐抽薹材料进行分离构建
群体，利用第三代测序技术获得 290.27 Gb 数据，平均 Q30 为 95.18%，平
均 GC 含量为 41.29%，总 Marker 数目 4 225、总图距 1 878.49 cM、平均图
距 0.45 cM、最大 Gap 为 14.76 cM、Gap ＜ 5 cM 比例为 99.72% 的遗传图
谱。利用遗传图谱进行了抽薹性状的 QTL 定位，发现在 A02、A04、A07
连锁群上存在新的 QTL 位点，为今后开展抽薹特性的分子机理研究打下了
基础。

参考文献

何启伟，石惠莲，安振琴，等 . 1993. 中国萝卜雄性不育性遗传规律的研究 [J]. 山东农
　业科学（4）：5-8.

何启伟，石惠莲，刘恩芹 . 1981. 萝卜雄性不育系选育研究初报 [J]. 山东农业科学（1）.

柯桂兰，张鲁刚.1993.大白菜异源胞质雄性不育恢保关系的研究[J].西北农业学报，
　2（1）：15-20.

柯桂兰，赵稚雅，宋胭脂，等.1992.大白菜异源胞质雄性不育系 CMS3411-7 的选育及
　应用[J].园艺学报（4）：333-340.

孙日飞，方智远，张淑江，等.2000.萝卜胞质大白菜雄性不育系的生化分析[J].园
　艺学报，27（3）：187-192.

赵利民，柯桂兰.1993.大白菜胞质雄性不育系制种技术[J].农业科技通讯（7）：
　14-15.

张鲁刚，郝东方，柯桂兰.2001.玻里马胞质大白菜雄性不育系 CMS3411-7 温度敏感特
　性的研究[J].园艺学报，28（5）：415-420.

（赵大芹　马关鹏　周麟笔）

第八章
贵州白菜抗冻生理研究

　　植物对环境变迁及不良环境有足够的适应性和抵抗能力，这种抗逆性既受系统进化的遗传基因型所控制，又受个体发育中生理生态因素所制约。温度作为重要的环境因子之一，限制植物的分布、生长和产量。

　　低温对植物的危害按照低温的程度及植物对低温反应的类型可分成冻害（Freezing injury）和冷害（Chilling injury）两类。当温度下降到 0 ℃以下，植物体内发生冰冻，因而受伤甚至死亡，这种现象称为冻害（Freezing injury）。我国北方晚秋及早春时，寒潮入侵，气温骤然下降，造成果木和冬季作物严重的冻害。冻害在我国各地普遍存在，我国每年受低温冻害面积达 200 多万 km^2，对农业生产的影响巨大。因此，0 ℃下低温是限制植物分布和农业生产的主要环境因子。

　　冻害发生的温度限度，可因植物种类、生育时期、生理状态、组织器官及其经受低温的时间长短而有很大差异。大麦、小麦、燕麦、苜蓿等越冬作物一般可忍耐-12～-7 ℃的严寒；有些树木，如白桦可以经受-45 ℃的严冬而不死；种子的抗冻性很强，在短时期内可经受-110 ℃以下冰冻而保持其发芽能力；某些植物的愈伤组织在液氮下，即在-196 ℃低温下保存 4 个月之久仍有活性。研究植物的抗冻性有助于人们了解植物抗冻机制并使之服务于生产实践，尽可能地减少因冻害对生产引起的不良影响。因此，植物抗冻性一直以来都是人们研究的热点。

第一节 冻害的机制及植物对冻害的生理适应

一、冻害的机制

（一）结冰伤害

1. 细胞间结冰伤害

在自然界中，多数情况下温度的下降是逐渐的。当温度降低至一定程度时，冰首先在细胞壁附近的间隙里出现，形成细胞外结冰。随着温度继续下降，冰越来越大，胞外出现了冰晶。随着冰核形成，细胞间隙内水蒸气压降低，但胞内含水量较大，蒸气压仍较高。根据蒸气压力差的梯度，胞内水分外溢，而水分进入胞间又立即结冰。抗寒植物在气温回升时，细胞间隙的冰晶缓慢融化，细胞重新吸回失去的水分。由于细胞外结冰时放出热量以及细胞脱水收缩，避免了胞内结冰，所以胞外结冰有时并不伤害细胞。例如，白菜、葱等结冰像玻璃一样透明，但解冻后仍然不死。

胞间结冰对植物造成的伤害是：①使原生质脱水。由于胞间结冰降低了细胞间隙的水势，使细胞内的水分向胞间移动，随着低温的持续，原生质会发生严重脱水，造成蛋白质变性和原生质不可逆的凝固变性。②机械损伤。随着低温的持续，胞间的冰晶不断增大，当体积大于细胞间隙空间时会对周围的细胞造成机械性的损伤。③融冰伤害。当温度骤然回升时，冰晶迅速融化，细胞壁迅速吸水恢复原状，而原生质会因为来不及吸水膨胀，可能被撕裂损伤。胞间结冰不一定会使植物死亡，大多数植物胞间结冰后经缓慢解冻仍能恢复正常生长。

2. 细胞内结冰伤害

当温度突然下降，霜冻骤临时，在细胞外结冰的同时，胞内水分也形成冰晶，包括质膜、细胞质和液泡内都出现冰块，这叫胞内结冰。胞内结冰对细胞有直接危害，伤害的原因主要是机械的损害。细胞内冰晶体积小、数量多，它们的形成会对生物膜、细胞器和基质结构造成不可逆的机械伤害。原生质具有高度精细结构，复杂而又有序的生命活动与这些结构密切相关，冰晶体会破坏生物膜、细胞器和细胞的结构，使细胞亚显微结构的区域化被破坏，酶活性无秩序，原生质结构的破坏必然导致代谢紊乱和细胞死亡。细胞内结冰一般在自然条件下不常发生，一旦发生植物就很难存活。

3. 抗冻植物降低结冰伤害的机制

抗冻植物细胞内结冰少，因此不受冻害。经过研究，抗冻植物之所以抗冻，主要有下列特点：

（1）细胞外结冰。细胞间隙处的水溶液浓度低，冰点较高，所以温度降低时，细胞外的水溶液就最先结冰，从而吸引细胞内的水不断流到细胞外结冰。现已查明，种子、越冬芽和经过抗寒锻炼的植物之所以抗冻，是因为它们液泡中的水流到细胞间隙。为什么细胞内的水能很快排到胞外？研究表明，刺槐质膜在抗寒锻炼中内陷，呈现波浪状。简令成等研究冬小麦抗寒锻炼中，也发现①质膜内陷弯曲，扩大细胞排水的总面积；②部分膜脂从质膜上释放出来，可增加膜的透水性；③质膜内陷与液泡相连接，为液泡内水的外排开辟一个渠道。

（2）过冷却（Supercooling）。过冷却是指细胞液在其冰点以下仍然保持非冰冻状态。植物组织及细胞液的过冷却状态是植物，特别是木本植物，避免细胞内结冰的一种重要形式。实验观察到，杜鹃花花原基在低温中有放热现象，经各种仪器测定，证实杜鹃细胞中存在深度过冷却现象，在 -35 ℃中这种深冷却是很稳定的。而后许多研究进一步证实，木质部射线将壁组织细胞液的深过冷是寒冷地区木本植物越冬中普遍存在的现象。

（二）膜结构损伤

冻害首先是损伤细胞的膜结构，从而引起膜透性改变，生理生化过程就被破坏。例如，在-10 ℃的低温下，抗冻性弱的柑橘品种的电解质透出率是抗冻性强的柑橘品种的2~3倍。膜系统破坏可以直接影响到植物的生长和发育。例如，早春遭受冻害的黑麦根系失去再生的能力，而没有遭受冻害的黑麦则有新生根的出现。

细胞膜是结冰伤害最敏感的部位，许多实验证明，冰冻引起细胞的损伤主要是膜系统受到伤害。组成膜的脂类分子间非极性程度很高，分子间的内聚力小，当结冰脱水引起原生质收缩而产生内拉外张的应力时，脂质层会被拉破，使膜选择透性丧失，这样，一方面造成细胞内的电解质和非电解质大量外渗（外渗液中主要是 K^+、Ca^{2+} 和糖类）；另一方面，膜相变使得一部分与膜结合的酶游离而失活，光合磷酸化和氧化磷酸化解偶联，ATP 合成明显下降，引起代谢失调，严重时导致植株死亡。在所有的膜系统的破坏中，叶绿体膜最先受到损伤，从而使光合作用受抑制，其次是液泡膜，最后是原生质膜的损伤。

冻害可能是从两个方面导致植物伤害和死亡：一是质膜的 $Mg^{2+}ATP$ 酶活性降低或失活，降低细胞主动吸收和运输功能，水和溶质外渗；另外是细胞器上的 ATP 酶被激活，细胞内 ATP 含量迅速减少，生物合成减少或停止。此两种原因就破坏细胞的代谢过程，最后导致死亡。

受冷冻损伤的质膜变化有三个方面：膜相变化；膜的组分改变；膜的运输功能丧失。

膜脂相随温度的变化而变化，从脂晶体状态到凝胶状态，进而到无层次的六角形 H 相（Qulun, 1985）。膜脂质分子构型改变，导致细胞膜的活性丧失，代谢失调。低温下膜脂的相变会影响结合酶的构象，从而导致结合酶活性的降低或丧失。质膜脂相变和植物细胞冷冻损伤的关系有待进一步实验来明确。

低于临界冷冻损伤温度时，杨树皮中磷脂酶 D 降解磷脂，生成磷脂酸。磷脂酰胆碱被认为是一种冷冻损伤指示物质（Yoshida & sakai, 1974）。耐冻性强的杨树枝条皮层组织经低温处理后，保存在-70 ℃或液氮中能存活，解冻后于 27 ℃保温 2 h，未见有磷脂酰胆碱的降解；而同样的材料，未经低温处理，从室温直接置于液氮中保存，则会被冻死，解冻后枝条变成棕褐色，这些材料中磷脂组分发生了较大变化，磷脂酰胆碱大量降解，总的脂肪磷有轻微的上升，解冻时，这种变化加速。在禾本科植物（Horvath et al, 1979）、酵母细胞中也发现磷脂降解和冷冻伤害相关。对于其具体机制，Souzu 认为，突然的失水或加水，会影响生物膜上脂和蛋白质的结合，导致脂蛋白结构的损伤，使磷脂降解，膜功能丧失。

（三）巯基假说

巯基假说认为冰冻使植物受害是由于细胞结冰引起蛋白质损伤，当细胞内原生质遭受冰冻脱水时，随着原生质收缩，蛋白质分子相互靠近，当接近到一定程度时蛋白质分子中相邻的巯基（SH）氧化形成二硫键（—S—S—）。解冻时蛋白质再度吸水膨胀，肽链松散，氢键断裂，二硫键仍保留，使肽链的空间位置发生变化、蛋白质的天然结构破坏，引起细胞伤害和死亡。因此，组织抗冻性的基础在于阻止蛋白质分子间二硫键的形成。这一假说已得到一些实验的支持。研究发现，冻害发生时，植物组织匀浆中—SH 含量与植物的抗冻性直接相关，抗冻性较强的植物具有一定抗—SH 氧化能力，可避免或减少二硫键的形成（王宝山，2007）。

二、植物对冻害的生理适应

植物在长期进化过程中，对冬季的低温，在生长习性方面有各种特殊适应方式。例如，一年生植物主要以干燥种子形式越冬；大多数多年生草本植物越冬时地上部死亡，而以埋藏于土壤中的延存器官（如鳞茎、块茎等）度过冬天；大多数木本植物形成或加强保护组织（如芽鳞片、木栓层等）和落叶以过冬。

植物在冬季来临之前，随着气温的逐渐降低，体内发生了一系列的适应低温的生理生化变化，抗寒力逐渐加强。这种提高抗寒能力的过程，称为抗寒锻炼。尽管植物抗寒性强弱是植物长期对不良环境适应的结果，是植物的本性。但应指出，即使是抗寒性很强的植物，在未进行过抗寒锻炼之前，对寒冷的抵抗能力还是很弱的。例如，针叶树的抗寒性很强，在冬季可以忍耐-30 ℃到 0 ℃的严寒，而在夏季若处于人为的-8 ℃下便会冻死。我国北方晚秋或早春季节，植物容易受冻害，就是因为晚秋时，植物内部的抗寒锻炼还未完成，抗寒力差；在早春，温度已回升，体内的抗寒力逐渐下降，因此，晚秋或早春寒潮突然袭击，植物容易受害。

在冬季低温来临之前，植物在生理生化方面对低温的适应变化有以下几点。

1. 植株含水量下降

随着温度下降，植株吸水较少，含水量逐渐下降。随着抗寒锻炼过程的推进，细胞内亲水性胶体加强，使束缚水含量相对提高，而自由水含量则相对减少。由于束缚水不易结冰和蒸腾，所以，总含水量减少和束缚水量相对增多，有利于植物抗寒性的加强。

2. 呼吸减弱

植株的呼吸随着温度的下降逐渐减弱，其中抗寒弱的植株或品种减弱得很快，而抗寒性强的则减弱得较慢，比较平稳。细胞呼吸微弱，消耗糖分少，有利于糖分积累；细胞呼吸微弱，代谢活动低，有利于对不良环境条件的抵抗。

3. 脱落酸含量增多

多年生树木（如桦树等）的叶子，随着秋季日照变短、气温降低，逐渐形成较多的脱落酸，并运到生长点（芽），抑制茎的伸长，并开始形成休眠芽，叶子脱落，植株进入休眠阶段，提高抗寒力。有人分析假挪威槭顶芽脱落酸含量在一年中的变化，发现5—6 月含量最低，初秋后开始增多，翌年春季以后又逐渐减少。脱落酸水平和抗寒性呈正相关。实验表明，对脱落酸不敏感的拟南芥突变体（abil）或缺乏脱落酸的拟南芥突变体（abal）在低温中都不能驯化适应冰冻，因此证实脱落酸与抗冻有关。

4. 生长停止，进入休眠

冬季来临之前，树木呼吸减弱，脱落酸含量增多，顶端分生组织的有丝分裂活动减少，生长速度变慢，节间缩短。在电子显微镜下观察得知，在活跃的生长时期，无论是春小麦还是冬小麦，细胞核膜都具有相当大的孔或口；当进入寒冬季节，冬小麦的核膜开口逐渐关闭，而春小麦的核膜开口仍然张开。因此，认为这种核膜开口的动态，可能是细胞分裂和生长活动的一个控制与调节因素。核膜开口关闭，细胞核与细胞质之间物质交流停止，细胞分裂和生长活动受到抑制，植株进入休眠；如核膜开口不关闭，核和质之间继续交流物质，植株就继续生长。米丘林在他60年工作中总结出的经验也认为，控制植物生长，可以提高抗寒性。许多事实都证明，生长缓慢和代谢减弱是植物对不良环境的适应反应。

5. 保护物质的增多

在温度下降的时候，淀粉水解成糖比较旺盛，所以越冬植物体内淀粉含量减少，可溶性糖（主要是葡萄糖和蔗糖）含量增多，含糖量与温度呈负相关。可溶性糖的增多对抗寒有良好效果：提高细胞液浓度，使冰点降低，又可缓冲细胞质过度脱水，保护细胞质基质不致遇冷凝固。因此，糖是植物抗寒性的主要保护物质。抗寒性强的植物，在低温时其可溶性糖含量比抗寒弱的植物高。除了可溶性糖以外，脂质也是保护物质之一。在越冬期间的北方树木枝条特别是越冬芽的胞间连丝消失，脂质化合物集中在细胞质表层，水分不易透过，代谢降低，细胞内不容易结冰，亦能防止过度脱水。

近年来人们研究还发现，氨基酸含量与植物的抗寒性有关。在低温条件下，植物体内氨基酸含量增高，这可能对细胞中碳、氮营养的贮藏和提高束缚水量有重要意义。

6. 抗冻基因和抗冻蛋白

（1）抗冻基因。大量的研究已经证实，低温锻炼可以诱发100种以上抗冻基因（Antifreeze gene）的表达，例如拟南芥的COR（Cold regulated）基因，油菜的BN28、BN15等基因。这些基因表达会迅速产生新多肽，在低温锻炼过程中一直维持高水平。这些新合成的蛋白质组入膜内或附着于膜表面，对膜起保护和稳定作用，从而防止冰冻损伤，提高植物的抗冻性。

所有COR基因启动子都带有CRT / DRE调节元件（C-repeat / drought responseelement），这个调节元件如与转录活化反应元件（Transcript activator response element）结合，就能刺激 *COR* 基因的表达。与此调节元件结合的激活蛋白称作 CBF 1（C-repeat binding factor 1）。这个冷调节元件由 9 bp 组成，其顺序为 TACCGACAT，其核心序列为 5bp，CCGAC。此外，还分离出编码结合于此调节元件的激活蛋白（CBF1）的 cDNA，最近证实，*CBF1* 是一个小基因家族的成员。这个基因家族包括 3 个基因，即 *CBF1*、*CBF2*、*CBF3*，都是转录活化反应因子，都可促进 *COR* 基因表达，提高转基因植株的耐冻性。

（2）抗冻蛋白（AFP）。是从耐冻的鱼、昆虫等过冬生物组织中提炼出来的一类具有特殊功能的蛋白，它能抑制冰晶生长速度，降低冰点，保护细胞膜免受冷冻损伤。目前，已发现有约 30 种植物存在 AFP，包括被子植物、裸子植物、蕨类植物和苔藓植物。我国对在内蒙古沙漠上生长的抗冻植物沙冬青（*Ammopipant husmono golicus*）在冬季-30～-20 ℃甚至更低仍能生存研究得比较详细，从其叶子中分离出 3 种抗冻活性的蛋白质，沙冬青之所以抗冻，可能是几种 AFP 共同作用的结果。有人采用真空渗透法将北美黄盖蝶 AFP 渗入到马铃薯、油菜、拟南芥的叶片中，同对照相比，能显著降低冰冻温度。因此，抗冻蛋白是研究抗冻生理和抗冻育种的热点之一。

第二节　植物抗冻性的评价方法

一、田间直接鉴定

田间直接鉴定是早期用于鉴定植物抗冻性的方法。它以自然低温下生长的植物材料为鉴定对象，在植物经过冬季低温或早春自然低温后调查植株外部形态和存活状况，用以判断植物的抗冻性。由于田间鉴定法与生产实际更贴近，操作简单，能通过肉眼直接判断植物在相同生长条件下各品种间抗冻性的差异，因此它在引种栽培被广泛使用。但田间直接鉴定法也存在很多的缺点，它需要大量的植株进行重复，费时又费力，不能进行具体的量化比较植物的抗冻性，易受环境影响，测定方法多为目测，实验结果精确性较低。因此，目前越来越多的研究者倾向于利用实验室技术进行低温种质的筛选和鉴定。

二、低温半致死温度（LT$_{50}$）鉴定法

目前判断不同品种植物抗冻性差异运用最多的方法是 LT$_{50}$ 鉴定法。许

多研究者都利用电导法测定电导率并通过 Logistic 拟合方程求得 LT_{50} 来判断植物各品种间抗冻性的强弱，这一方法在植物的抗冻性鉴定中得到了广泛的应用。高庆玉等通过测定冷冻处理休眠期间黑穗醋栗枝条的电导率，计算其 LT_{50}，来判断不同品种抗冻性的差异（高庆玉，1998）。王团荣等通过测定电导率拟合 Logistic 方程得到的 LT_{50} 来判断不同叶樟的抗冻能力（王团荣，2012）。

细胞质膜是植物细胞与环境的界面和屏障，在低温胁迫下，细胞质膜首先被伤害，它会引起细胞收缩和质膜物态变化，使其透性变大。导致细胞内的电解质大量外渗，使膜内的电解质渗出率增高，因此电导法成为一种快速可靠测定植物在低温下的受伤害程度及抗冻能力的方法（郑东虎，1998）。Sukumaran 等（1972）在研究马铃薯的试验中首次提出低温半致死温度概念，即以相对电导率 50% 时作为植物组织的半致死温度。随着学者们的深入研究，对低温半致死温度有了明确的定义，是指植物到达一定温度时处于半致死状态，当温度继续下降时，植物将死亡。轻度低温环境胁迫对植物造成的伤害不显著，原因是植物会通过调节自身的生理生化反应来提高植物的抗冻力，用以适应外界环境的变化，即低温锻炼会增加植物抗冻力，此时测定的低温半致死温度可以有效地反映植物的最大抗冻力，这一观点已在许多研究中被证明。如龚明等在研究低温锻炼对杂交粳稻的生理效应中得出，经过低温锻炼的水稻的 LT_{50} 比未经过锻炼的低很多，说明植物可以通过低温锻炼提高其抗冻性（龚明等，1989）。

通过对叶片组织在不同温度处理下所测得的电解质透出率，经回归分析，用 Logistic 曲线拟合，得出回归方程 $Y=K/[1+\exp(a+bx)]$。其中，Y 为低温处理下的电解质相对电导率；x 为处理温度；K、a、b 为参数。求该方程的二阶导数并令其为 0，则可获曲线拐点的 t 值（温度），即 $X=\ln a/b$ 该温度就是结球白菜的冰冻半致死温度（LT_{50}），在此点植物电解质外渗率的递增效应最大。

三、生理指标鉴定法

生理指标鉴定法主要是应用试验中所测定的不同品种的各项生理指标的数值进行统计分析，从而判断该品种植株的抗冻性。它所包含的统计方法有很多，有些方法可以直接判断植物的抗冻性，有些方法需结合在一起共同判断出植物的抗冻性。它主要包括主成分分析法、隶属函数值法、通径分析法和聚类分析法等。

　　主成分分析是运用数学中降维的原理，在原有信息的基础上提取主成分的多元分析方法。它所要达到的目的是缩减数据，用较少的综合指标就可以较好地分析出原来数据中的大部分指标所反映的问题。通常是选出比原始指标个数少、能综合说明大部分指标的几个综合指标，即主成分。综合指标包含原指标所有的数据信息（周广生等，2003）。唐婉等对 9 个紫薇品种在低温胁迫下 6 个生理指标进行主成分分析法综合评价，判断供试材料的抗冻性强弱（唐婉等，2012）。邓菊庆等对 10 个蔷薇品种在低温胁迫后测定的 7 个生理指标的耐冷系数进行主成分分析，主成分分析的抗寒性排序结果与低温半致死温度排序结果基本一致，并认为主成分分析在蔷薇野生资源抗寒性综合评价上具有可行性（邓菊庆，2010）。

　　隶属函数法是根据模糊数学的原理进行的一种综合多个指标的评价方法。它主要是利用单度来对各项指标做出评估。计算各单因素隶属度的平均值，求出综合隶属度即综合评估值。通过判断综合评估值的大小来判断植物的抗冻性强弱。因此它在植物抗冻性的评价中获得了广泛应用。它的优点是可以克服单个指标的片面性，结合多个指标综合反映植物抗逆性的能力。杨梅等采用隶属函数法对各桑树品种的抗冻性进行评价，根据评价的综合值可以将 14 个果桑品种划分为 3 个等级，分别为高抗寒型、抗寒型和低抗寒型（杨梅等，2012）。张文娥等在采用隶属函数法对 12 种葡萄品种进行抗寒性综合评价，发现利用综合隶属度评价葡萄的抗寒性是较为科学的方法，同时它也为葡萄新种质的鉴定提供了理论的依据（张文娥等，2007）。

　　聚类分析又称群分析，它是根据"物以类聚"的原理对样品和指标进行分类的一种多元数据分析方法。它的表现形式是通过找出能度量样本指标的数据的相似度的统计量，对样品统计量进行分类，把相似的样品归为一类，然后逐渐扩大分类，最终合并为一个大的分类单位（卢纹岱，2002）。当植物受到低温逆境胁迫时，通过聚类分析法可以将多种植物或多个植物品种根据抗冻性强弱分为不同等级。同时聚类分析也用于玉米的抗寒性分类（Hodges et al，1997）以及辣椒的抗盐性分类（李晓芳等，2008）。

第三节　低温对贵州白菜光合及叶绿素荧光特性的影响

　　结球白菜 [*Brassica campestris* L. ssp. *pekinensis*（Lour.）Olsson] 在长江流域地区越冬及早春栽培过程中常受冻害胁迫，导致一系列生理、生化以及基因水平的变化。光合作用作为绿色植物的最基本生理过程之一，往往被低温所抑制，进而造成生长发育障碍甚至植株死亡。叶片光合活性降低的原因涉及多方面因素，包括光合色素减少、光系统破坏、电子传递受阻以及 CO_2 还原能力下降等，其中任一环节受胁迫影响都可能导致植株光合速率下降。低温逆境胁迫会引发光合机构发生变化，如叶绿体形态变化、叶绿体被膜断裂、基粒消失等。在低温胁迫下，植物体内的其他生理过程产生变化也会间接地影响光合作用，如植物受到低温伤害时引起水分胁迫，进而导致气孔关闭，植物细胞内 CO_2 浓度降低，从而使二氧化碳的吸收受阻，间接地降低光合作用的速度。冰冻胁迫使光合电子传递受阻，叶绿素吸收的光能不能正常传递，而以荧光的形式释放。由于 PS II 对低温胁迫比较敏感，低温抑制 PS II 的活性引发的叶绿素荧光参数变化可作为衡量抗冻性的指标。抗性强的品种在低温胁迫下光抑制更明显，但在常温下恢复也相对较快。目前关于低温下不同抗冻性大白菜品种光合及叶绿素荧光特性的研究未见报道，光合生理与结球白菜低温适应性之间的关系尚不明确。由于芸薹属植物耐低温特性与抽薹特性之间存在一定关系，本试验研究低温对不同抽薹特性结球白菜品种（品系）光合特性的影响，可揭示低温抗性的机理，指导抗寒品种的选育，有利于结球白菜冬春淡季反季节生产。

一、材料与方法

（一）试验地点及供试材料

试验在贵州省农业科学院进行，光合特性测定以黔白 5 号、早皇白、四季王（耐抽薹品种）、81-1、C×38、3×C、3^{-4}×C（贵州省园艺研究所自育材料）、小杂 55（中等抽薹品种）、贵蔬 3 号和亚春 19（易抽薹品种）等 10 个品种或品系为试验材料，叶绿素荧光参数测定以黔白 5 号、早皇白、四季王（耐抽薹品种）、3×C、3^{-4}×C（贵州省园艺研究所自育材料）、小杂 55（中等抽薹品种）、贵蔬 3 号（易抽薹品种）等 7 个品种或品系为试验材料。供试的材料均由贵州省园艺研究所提供。

（二）试验设计

供试材料 2012 年 10 月播种育苗，5～6 片真叶时于大田中起垄双行种植，行株距 50 cm×40 cm，8 行区，每行 10 株。随机区组设计，3 次重复，常规管理。

2013 年 1 月初首次大幅度降温至 0 ℃以下，1 月 6 日最低温度-6 ℃。

（三）光合特性的测定

2013 年 1 月中下旬选择无风天气在上午 9：30—11：30 进行测定。选取生长一致的植株完好无损伤的中部叶片为测定对象，每个品种测定 6 株。采用美国 LI-COR 公司生产的 Li-6400 XT 便携式光合系统分析仪，光源为红蓝光源，叶室光合有效辐射为 300 μmol / （m² · s）（代表贵州冬季典型光强）。测定不同结球白菜品种（品系）叶片的净光合速率（Pn）、气孔导度（Gs）、细胞间隙 CO_2 浓度（Ci）。试验重复 3 次。

（四）叶绿素荧光特性的测定

测定时间同 1.3。选取生长一致的植株中完好的中部叶片，用 OS-5p 型便携式调制荧光仪（美国，OPTIC 公司）测定初始荧光（Fo）、最大荧光（Fm）、可变荧光（Fv）、PS Ⅱ 最大光化学效率（Fv/Fm）和 PS Ⅱ 实际光化学效率（Yield）。

（五）数据处理与分析

利用 Microsoft Excel 进行数据处理和作图，利用 DPS 软件对数据进行方差分析，采用 LSD 法进行多重比较分析。

二、结果与分析

（一）低温胁迫对不同结球白菜品种（品系）净光合速率（Pn）的影响

净光合速率（Pn）直接反映植物的光合能力。由图 8-1 可见，低温下耐抽薹品种净光合速率显著高于易抽薹品种。10 个品种中黔白 5 号 Pn 最高，为 2.81 μmol CO_2 / （m² · s）；贵蔬 3 号的 Pn 值最低，为 0.46 μmol CO_2 / （m² · s）。耐抽薹品种 Pn 平均值为 1.88 μmol / （m² · s），易抽薹品种 Pn 平均值为 0.71 μmol / （m² · s），耐抽薹品种 Pn 平均值比易抽薹品种高 164.79%。

（二）低温胁迫对结球白菜气孔导度（Gs）的影响

气孔导度（Gs）是影响光合速率的一个重要因素。由图 8-2 可见，经低温胁迫后 10 个结球白菜品种（品系）的 Gs 差异显著，耐抽薹品种 Gs 均大于易抽薹品种。黔白 5 号气孔导度最大，为 2.53×10⁻² mol / （m² · s）；亚春 19 的 Gs 最小，为 4.51×10⁻³ mmol / （m² · s）。耐抽薹品种 Gs 的平均值比易抽薹高 228.69%，这一结果与净光合速率基本一致。

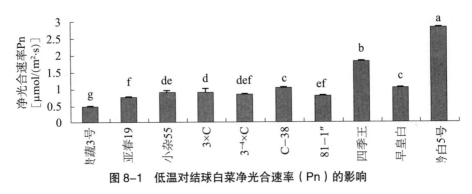

图 8-1 低温对结球白菜净光合速率（Pn）的影响

注：图中不同字母表示差异显著（$p=0.05$），下同。

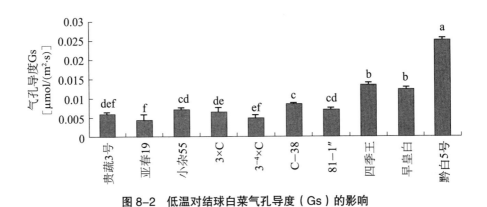

图 8-2 低温对结球白菜气孔导度（Gs）的影响

（三）低温胁迫对结球白菜胞间 CO_2 浓度（Ci）的影响

胞间 CO_2 浓度能为植物光合作用提供直接的合成碳源。由图 8-3 可见，经自然低温胁迫后，早皇白胞间 CO_2 浓度最高，Ci 为 301.41 μmol /mol；易抽薹品种亚春 19 的 Ci 最低，为 164.42 μmol /mol。品种间胞间 CO_2 浓度差异总体与气孔导度趋势相近，耐抽薹品种 Ci 最高，但易抽薹品种贵蔬三号 Ci 为 287.41 μmol /mol，与亚春 19 差异显著。

（四）自然低温对不同抽薹特性结球白菜品种叶绿素荧光特性的影响

由表 8-1 可知，低温胁迫后贵蔬 3 号、小杂 55、黔白 5 号、四季王、早皇白之间的初始荧光（Fo）无显著差异，但它们与 3×C 和 3⁻⁴×C 差异显著。7 个品种间的最大荧光（Fm）无显著差异。Fv 为可变荧光产量，它可以反映电子受体 QA 在 PS Ⅱ 中的还原情况。贵蔬 3 号 Fv 值最大，且与小杂 55、

$3×C$、早皇白差异显著；$3×C$ 的 Fv 最小。Fv / Fm 为暗适应条件下 PS Ⅱ 的最大光化学效率，可以反映 PS Ⅱ 反应中心的活性。7 个品种间的 Fv/Fm 无显著差异。Yield 表示 PS Ⅱ 实际光化学量子产量。耐抽薹品种早皇白的 Yield 最大，小杂 55 最小，其余品种间差异不显著。

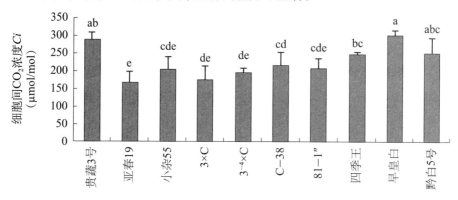

图 8-3　低温对结球白菜细胞间隙 CO_2 浓度的影响

表 8-1　低温胁迫对结球白菜荧光参数的影响

品种	叶绿素荧光参数				
	Fo	Fm	Fv	Fv/Fm	Yield
贵蔬 3 号	254.33 ± 23.07a	1 233.67 ± 167.53a	1 079.00 ± 61.58a	0.79 ± 0.03a	0.61 ± 0.01bc
小杂 55	241.00 ± 13.23a	1 181.67 ± 65.00a	947.33 ± 48.23b	0.79 ± 0.01a	0.56 ± 0.11c
$3×C$	158.00 ± 19.00c	843.00 ± 41.58a	684.67 ± 34.53c	0.80 ± 0.02a	0.62 ± 0.03bc
$3^{-4}×C$	217.00 ± 14.84b	1 187.33 ± 57.81a	968.33 ± 43.39ab	0.80 ± 0.01a	0.69 ± 0.05ab
黔白 5 号	254.00 ± 17.09a	1 252.00 ± 88.27a	1 004.67 ± 76.84ab	0.81 ± 0.01a	0.67 ± 0.07ab
四季王	249.00 ± 29.14a	1 265.67 ± 115.99a	1 019.33 ± 94.99ab	0.75 ± 0.09a	0.67 ± 0.04ab
早皇白	235.67 ± 16.56a	1 191.67 ± 97.52a	956.33 ± 81.14b	0.81 ± 0.01a	0.75 ± 0.02a

注：表中数据后的不同字母表示差异显著（$p < 0.05$）。

三、讨论与结论

低温胁迫从多方面影响植物光合作用，导致光合速率显著降低，而抗冻性不同的品种光合特性的各项指标变化不同。李俊等在研究 15 种长江中游区冬油菜抗冻性时发现，抗冻性越强的品种，气孔导度（Gs）和净光合速率（Pn）值高，抗冻强度和气孔导度和净光合速率呈显著正相关。本试验研究表明，不同抽薹特性的白菜在经过自然低温胁迫后，耐抽薹品种的净光合速率（Pn）与气孔导度（Gs）的值均高于易抽薹品种，与其抗冻性强弱相一致。许大全在研究光合作用的气孔限制时提出，气孔部分关闭和叶绿体光合活性降低是导致叶片光合速率降低的两个重要原因。前者使 Ci 与 Pn 变化方向相同，而后者使 Ci 与 Pn 变化方向不同。当两种因素同时存在时，Ci 的变化取决于主导性因素的方向。本试验结果表明，不同品种 Ci 的变化与 Pn 变化方向大体一致，可以认为气孔的部分关闭是结球白菜光合速率下降的主要原因。但贵蔬三号 Ci 与 Pn 变化方向不同，其光合速率较低还与其他因素有关。

当植物受到低温胁迫时易发生光抑制现象，Fv/Fm 是衡量植物是否受到光抑制的一个敏感指标，其大小可反映植物 PS Ⅱ 受伤害的程度。植物在正常条件下，Fv/Fm 变化极小，一般在 0.75～0.85。当植物受到逆境胁迫时，Fv/Fm 低于正常范围，即发生光抑制现象。本研究发现，不同抽薹特性结球白菜的 Fv/Fm 在 0.75～0.81，无明显光抑制现象，可能与白菜作为半耐寒性蔬菜，具有较强的低温适应性有关。PS Ⅱ 实际光化学量子产量（Yield）反映了植物吸收光子供给 PSII 反应中心的效率。大量研究表明 Fv/Fm 与 Yield 有很强的相关性，两者均可作为判断植物在逆境胁迫下光抑制的强弱的指标。胡文海等发现，抗冻性越强的植物，在低温胁迫下就越能保持较高的 Fv/Fm 和光合电子传递量子效率（Yield）。李光庆等在研究花椰菜叶绿素荧光参数与耐寒性的关系中发现，Fv/Fm 与植物的抗寒性呈显著正相关，叶绿素荧光参数 Fv/Fm 值用于判断不同基因型花椰菜抗寒性指标。但刘慧英等研究则有不同看法，认为 Fv/Fm 不能作为鉴定西瓜嫁接苗耐冷性差异的鉴定指标。可见，Fv/Fm 作为抗冷鉴定指标因作物不同而异。本试验结果表明，在自然低温胁迫下，不同抽薹特性的结球白菜品种 Fv/Fm 差异均不显著，不宜作为鉴定结球白菜耐寒性差异的指标；而 Yield 与光合速率以及抽薹特性之间关系较为一致，可作为判断结球白菜耐寒性的辅助指标。

第四节　低温对不同抽薹特性白菜品种抗氧化酶的影响

结球白菜 [Brassica campestris L. ssp. pekinensis] 是十字花科芸薹属二年生蔬菜作物，原产于中国，栽培历史悠久，品种资源丰富，在蔬菜生产上占有重要地位。大白菜越冬和早春生产过程中经常遭遇低温危害，对其生长、光合、碳氮代谢、酶活性和干物质的积累产生不同程度的影响。逆境条件下植物细胞内活性氧含量增加，进而引起膜脂过氧化，导致细胞膜损伤、膜透性增大。植物的抗寒性与其对活性氧的清除能力密切相关。抽薹特性与结球白菜对低温的抗性之间存在一定关系，本文通过研究零上低温冷诱导条件下不同抽薹特性结球白菜品种抗氧化酶活性变化，探讨抗氧化系统在结球白菜抗寒性获得中的作用及其与抽薹特性的关系，为抗逆生理育种以及冬、春蔬菜栽培提供理论依据。

一、材料与方法

（一）试验地点和材料

试验在贵州大学植物生理实验室进行，供试材料为黔白 5 号（耐抽薹品种）、Ye 12-3、hc1-1、寒 w（贵州省园艺研究所自育耐抽薹材料）、新晋菜王、优抗王 AA-2、新抗春秋（中等抽薹品种）、金黔小将、早杂 5 号、亚春19、小夏阳（易抽薹品种）等 11 个结球白菜品种（品系），由贵州省园艺研究所提供。

（二）试验处理

将不同抽薹特性白菜种子常温下浸种 5 h，使种子吸水饱满。将种子播种到 72 穴育苗盘中，以泥炭、蛭石和珍珠岩的混合物为基质，在人工气候箱中于（20±1）℃下育苗。当幼苗长至 6 片真叶时进行低温诱导处理。试验设置 2 组处理：①冷诱导组，结球白菜幼苗在人工气候箱内于（4±1）℃下冷诱导处理 10 d 后取样进行生理指标测定。试验期间光周期为光照 12 h，光强15 000 lx；黑暗 12 h。相对湿度约 65%。②对照组，材料置于（20±1）℃人工气候箱内，处理 10 d 后取样进行生理指标测定。试验期间光周期为光照 12 h，光强 15 000 lx；黑暗 12 h。相对湿度控制在 65% 左右。试验设置 3 次重复。

（三）生理指标测定

丙二醛（MDA）含量测定采用硫代巴比妥酸显色法，超氧化物歧化酶（SOD）活性测定采用氮蓝四唑（NBT）法，过氧化物酶（POD）活性测定采用愈创木酚比色法，过氧化氢酶（CAT）活性测定采用紫外分光光度法。

（四）数据分析

利用 Microsoft Excel 2003 进行数据处理和作图，利用 DPS v7.05 软件对数据进行方差分析，采用 LSD 法进行多重比较。

二、结果与分析

（一）冷诱导对结球白菜 MDA 含量的影响

表 8-2　结球白菜叶片丙二醛含量　　　　　　　［nmol/（g·FW）］

品种	丙二醛含量	
	冷诱导组	对照组
金黔小将	23.05 ± 1.04 a	11.69 ± 1.26 gh
早杂 5 号	17.04 ± 1.04 bc	9.02 ± 0.27 ijk
亚春 19	24.29 ± 3.00 a	6.23 ± 1.08 m
小夏阳	25.66 ± 4.88 a	11.99 ± 1.76 fgh
新晋菜王	15.64 ± 1.89 cd	11.42 ± 0.91 hi
优抗王 AA-2	14.99 ± 1.59 cde	8.33 ± 0.83 jklm
新抗春秋	18.91 ± 1.63 b	8.9 ± 0.94 ijkl
黔白 5 号	14.24 ± 0.92 defg	9.89 ± 0.77 hij
Ye 12-3	12.39 ± 0.85 efgh	6.36 ± 1.16 lm
hc1-1	14.40 ± 1.52 cdef	7.16 ± 1.95 klm
寒 W	14.31 ± 1.39 defg	7.29 ± 0.56 jklm

注：表中不同字母表示差异达显著水平（P=0.05）。下同。

丙二醛是细胞膜脂过氧化产物，与逆境条件下细胞膜受伤害程度关系密切。由表 8-2 可见，经低温处理后，不同品种结球白菜的 MDA 含量均升高，且不同品种升高的幅度不同，其中易抽薹品种亚春 19 的 MDA 含量升高幅度最大，达 289.7%。低温诱导条件下易抽薹品种 MDA 含量平均值 22.51 nmol/（g·FW），中等抽薹品种平均值为 16.51 nmol/（g·FW），耐抽薹品种 MDA 含量平均值为 13.84 nmol/（g·FW），耐抽薹品种 MDA 含量均显著低于易抽薹品种，前者 MDA 含量的平均值比后者低 38.52%。

（二）冷诱导对结球白菜 SOD 活性的影响

超氧化物歧化酶（SOD）是生物体内清除超氧自由基的关键保护酶。由图 8-4 可见，未经低温处理的对照组 SOD 活性差异不显著；经低温冷诱导后，不同品种结球白菜的 SOD 的活性值均升高，且不同品种升高的幅度不同。黔白 5 号 SOD 活性值升高幅度最大，亚春 19 SOD 活性值升高幅度最小。耐抽薹品种黔白 5 号的升高幅度达 234.6%，Ye12-3 达 98.8%，hc1-1

为 115.7%，寒 w 为 134.6%；中等抽薹品种新晋菜王的升高幅度达 42.4%，优抗王 AA-2 达 98.9%，新抗春秋达 92.5%；易抽薹品种金黔小将的升高幅度为 16.6%，早杂 5 号为 59.3%，亚春 19 为 38.4%，小夏阳为 45.4%。耐抽薹品种的 SOD 活性升高幅度均大于其他 2 种类型。低温诱导后易抽薹品种的 SOD 活性与耐抽薹品种差异显著。耐抽薹品种'黔白 5 号'SOD 活性值最高达 545.67 U/（g·FW），而易抽薹品种亚春 19 的 SOD 活性值最低为 212.64 U/（g·FW）。总体而言，耐抽薹品种平均的 SOD 活性值比易抽薹品种高 88.83%。

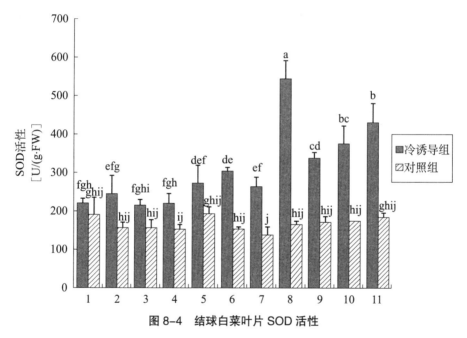

图 8-4　结球白菜叶片 SOD 活性

1. 金黔小将；2. 早杂 5 号；3. 亚春 19；4. 小夏阳；5. 新晋菜王；6. 优抗王 AA-2；

7. 新抗春秋；8. 黔白 5 号；9.Ye12-3；10. hc1-1；11. 寒 w

（三）冷诱导对结球白菜 POD 活性的影响

过氧化物酶（POD）也是植物体内清除活性氧的重要抗氧化酶之一。由图 8-5 可见，未经低温处理的对照组 POD 活性差异不显著。经过低温冷诱导后不同品种结球白菜的 POD 活性均升高，且不同品种升高的幅度不同。POD 活性升高幅度最大的是'Ye 12-3'，升高幅度最小的是'亚春 19'。耐抽薹品种'黔白 5 号'的升高幅度为 114.9%，'Ye 12-3'为 118.9%，'hc1-1'为 174.3%，'寒 w'为 127.4%；中等抽薹品种'新晋菜王'的升高幅度为184.6%，'优抗王 AA-2'为135.5%，'新抗春秋'为120.9%；易抽薹品种'金黔小将'的升高幅度为111.9%，'早杂5号'为116.6%，'亚春19'为23.4%，'小夏阳'为87.9%。低温诱导后易抽薹品种POD活性值与耐抽薹品种差异显著。耐抽薹品种'hc1-1'的POD活性值最高达157.05 U/（g·FW），易抽薹品种'亚春19'的POD活性值最低达57.90 U/（g·FW）、'小夏阳'的POD活性值是72.03 U/（g·FW）。耐抽薹品种平均POD活性值比易抽薹品种高87.57%。

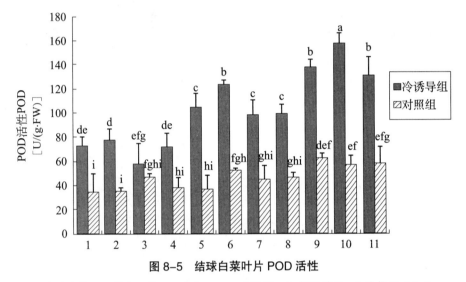

图 8-5　结球白菜叶片 POD 活性

1. 金黔小将；2. 早杂5号；3. 亚春19；4. 小夏阳；5. 新晋菜王；6. 优抗王 AA-2；

7. 新抗春秋；8. 黔白5号；9.Ye12-3；10. hc1-1；11. 寒 w

（四）冷诱导对结球白菜 CAT 活性的影响

过氧化氢酶（CAT）是植物体内清除 H_2O_2 的主要酶类之一。由图 8-6 可见，未经低温处理的对照组 CAT 活性差异不显著，经低温冷诱导后，不同品种结球白菜的 CAT 活性均升高，且不同品种升高的幅度不同，CAT 活性升高幅度最大的是'黔白5号'，升高幅度最小的是'小夏阳'。耐抽薹品种'黔白5号'的升高幅度为556.51%，'Ye 12-3'为358.60%，'hc1-1'为198.93%，'寒 w'为205.12%；中等抽薹品种'新晋菜王'的升高幅度为128.54%，'优抗王 AA-2'为176.71%，'新抗春秋'为150.22%；易抽薹品种'金黔小将'的升高幅度为97.43%，'早杂5号'为81.91%，'亚春19'为82.02%，'小夏阳'为46.70%。耐抽薹品种的 CAT 活性升高幅度均大于2种类型。低温诱导后易抽薹品种 CAT 活性值与耐抽薹品种差异显著。耐抽薹品种'黔白5号'CAT

活性值最高达 181.54 U/（g·FW·min），易抽薹品种'亚春 19'的 CAT 活性值最低达 71.28 U/（g·FW·min）。总体而言，耐抽薹品种平均的 CAT 活性值比易抽薹品种提高了 106.35%。

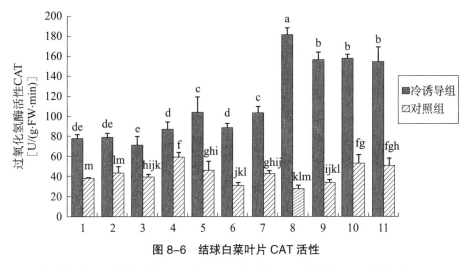

图 8-6　结球白菜叶片 CAT 活性

1. 金黔小将；2. 早杂 5 号；3. 亚春 19；4. 小夏阳；5. 新晋菜王；6. 优抗王 AA-2；
7. 新抗春秋；8. 黔白 5 号；9.Ye12-3；10. hc1-1；11. 寒 w

三、讨论

正常情况下，植物细胞内自由基的产生与清除之间保持动态平衡，自由基维持较低水平，不会对细胞造成伤害。这种平衡在低温逆境条件下会被打破，导致植物体代谢过程产生的自由基积累过多，进而对植物膜系统有伤害作用。植物体内的保护酶系统可减轻自由基造成的伤害减轻伤害，相关分析表明，SOD、POD、CAT 活性均能较好地反映植物抗逆能力。如李欣等通过研究不同砧木嫁接黄瓜幼苗在低温胁迫下保护酶的活性不同，从而判断出不同品种的抗冻性。

研究表明，1～5 ℃低温冷诱导可显著提高拟南芥抗冻性，使其冰冻致死温度降低到-12 ℃。本试验采用 4 ℃低温对供试材料进行冷驯化，结果发现各品种的保护酶活性均显著高于对照组，SOD 作为植物体内清除活性氧系统的第一道防线，能催化叶绿体 Asada-Halliwell 途径的第 1 步反应，将超氧化物阴离子还原为 H_2O_2 和氧，再利用 NADPH 提供的还原力，通过抗坏血酸－谷胱甘肽循环将 H_2O_2 还原为水。POD 和 CAT 都是清除 H_2O_2 的酶，植物中的 CAT 是四聚体的含亚铁血红素的蛋白，主要分布于过氧化物酶体。过氧化物酶 POD 是一种以铁卟啉为辅基的酶类，其消除 H_2O_2 的过程和CAT 不同，从底物中获得电子后传递给过氧化氢，POD 催化的反应除了需要 H_2O_2 以外还需要供电子体的存在，只要有足量的供电子体，过氧化物酶POD 在低浓度 H_2O_2 的情况下也可以发挥高效的催化作用。冷诱导后结球白菜叶片中 SOD、POD 和 CAT 活性上升，说明冷驯化过程有助于促进结球白菜活性氧清除，从而提高其抗冻性。此外冷诱导后耐抽薹品种叶片的 SOD、POD 和 CAT 活性在 3 种类型中最高，而膜脂过氧化产物 MDA 含量最低，说明耐抽薹品种的活性氧清除能力最强，抗冻能力优于其他 2 种类型。

综上所述，在低温胁迫下，耐抽薹品种 SOD、POD、CAT 的活性均高于其他 2 个类型，膜脂过氧化产物 MDA 含量则最低，表明其在低温胁迫下活性氧清除系统能力较强，能有效地清除氧自由基对植物造成的伤害，表现出较强的低温逆境抗性。试验结果也表明，结球白菜抗氧化系统与抽薹特性之间存在一定关系，耐抽薹品种活性氧清除能力强于中等抽薹和不耐抽薹品种。

第五节　利用抗冻生理指标辅助抗冻结球白菜选育

低温和凝冻是限制越冬蔬菜生长发育以及产量形成的主要因素之一，选育抗冻耐抽薹结球白菜品种是解决长江流域大白菜冬春和早春反季节生产问题的关键。但传统的抗冻材料筛选方法需要在自然或人工零下低温条件下观察植物冻害指数，属于破坏性试验，适合遗传相对稳定群体的抗冻鉴定，不适用于单株材料，因而导致抗冻育种周期长、材料选择范围小，不利于抗冻品种的选育工作。

植物抗冻性是一种复杂的多基因控制的性状。研究表明，温带植物在零上低温（0～10 ℃）下经过数天或数周处理可提高其抗冻性，这一过程称为冷驯化（Cold acclimation）。冷驯化过程通过低温信号转导途径激活抗冻响应基因，促使植物体内发生一系列生理、生化及代谢变化，如膜脂中不饱和脂肪酸含量增加、渗透调节物质积累、活性氧清除能力加强以及脱落酸的积累等，进而诱导植物产生稳定的低温适应性。通过研究冷驯化对结球白菜抗冻生理过程的作用，发现可采用渗透调节物质苹果酸、果糖和甘露糖含量鉴定白菜抗冻性。气相色谱—质谱联用法灵敏度高、样品用量少，取样测定时对植株伤害小，适用于单株材料鉴定。

项目组研究获得了一种在苗期筛选结球白菜抗冻育种材料，且不影响其后期生长和抽薹开花的方法，取得发明专利授权，专利号：201510166361.8，专利名称：一种在苗期鉴定抗冻结球白菜的方法，授权日期：2017年1月18日。利用该方法可从杂交后代或自然群体中快速筛选出抗冻单株，用于进一步选育工作。该方法所需时间短，对植株破坏性很小，特别适合 F_1 代和 F_2 代群体抗冻单株的选择。

技术方案如下：

（1）将结球白菜种子常温浸种5 h后播种到育苗盘中，栽培基质为泥炭、蛭石和珍珠岩的混合物，在人工气候箱中于（20±1）℃下育苗。待幼苗长至5～6片真叶时进行冷驯化处理。

（2）冷驯化方法：将幼苗放入人工气候箱内4 ℃下进行冷驯化，处理期间光周期为光照12 h，光照强度15000 lx；暗期12 h。即每天24 h中12 h光照，12 h黑暗。相对湿度控制在65%左右，试验处理10 d。

（3）用1 cm打孔器在经冷驯化处理的结球白菜幼苗第3叶主脉两侧取叶圆片，称取100 mg样品3份，分别置于2 ml带螺纹帽的圆底管中，液氮快速冷却。用研磨棒在冰冻条件下将样品磨碎。

（4）样品加入1 400 μl预冷在−20 ℃中的甲醇，摇匀10 s。加入60 μl核糖醇（0.2 mg/ml）作为内标，摇匀10 s。使用热混合器于70 ℃以950 r/min速度提取10 min，11 000 g离心10 min。转移上清液到另一玻璃管中，加入750 μl预冷却的氯仿（−20 ℃），摇匀10 s。加入14 000 μl预冷却的双蒸水（−20 ℃），摇匀10 s。2 200 g离心15 min，转移上清液150 μl到另一干净的1.5 ml管中，将样品室温真空干燥。

（5）衍生化处理：加40 μl甲氧氨基化试剂，37 ℃反应2 h，持续振荡。将70 μl硅烷化试剂N-甲基-N-三甲基硅基三氟乙酰胺（MSTFA）加入样品反应管中，37 ℃振荡反应30 min。转移衍生化好的样品到适合GC-MS分析的内衬管中。

（6）GC-MS分析：GC-MS仪器型号为安捷伦公司（Agilent）7890A气相色谱仪，CTC Combi PAL自动进样器，安捷伦公司5975C质谱仪，DB-5MS毛细管色谱柱，30 m×0.25 mm×0.25 μm。气相色谱条件：GC进样口温度为280 ℃。采用升温程序：初始柱温60 ℃，保持4 min；以每分钟8 ℃升至315 ℃；在315 ℃维持7 min。质谱条件：离子源为电子轰击EI源，激发电压为70 eV，离子源温度为300 ℃，四级杆温度为150 ℃，扫描范围50～650 m/z，扫描速度为每秒0.5 scans，扫描时间4.5～41.8 min。进样量1 μl。

（7）数据处理：利用仪器自带的数据分析软件生成谱图并积分，NIST08 和 WILEY275 标准质谱图库定性，采用内标法对苹果酸、果糖和甘露糖进行定量，3 份样品取平均值，计算结球白菜苹果酸、果糖和甘露糖含量。

（8）选取苹果酸含量大于 1 000 μg/（g·FW），甘露糖含量大于 2 000 μg/（g·FW），果糖含量大于 1 800 μg/（g·FW）的结球白菜幼苗移栽到大田，行株距 30 cm×50 cm，常规管理，用于杂交育种或留种。

（9）本发明相比现有技术具有以下优点：本发明提供了一种既可用于稳定遗传群体抗冻性鉴定，也可用于变异单株抗冻性鉴定的方法，该方法样品用量少，对植株伤害小，不影响后期生长和抽薹开花，有利于抗冻材料留种或进行杂交育种。同时，本发明在苗期开展鉴定工作，对土地、人工等要求更低，用时较短，且不受季节影响，适合较大批量抗冻种质资源的筛选。

本发明与已有技术的不同之处：

（1）本发明与中国热带农业科学院热带生物技术研究所张建斌等发明的《一种抗寒香蕉种质的筛选方法》相比：该发明采用愈伤组织低温筛选和分化芽低温筛选，且该方法是根据成活率进行筛选；而本发明针对结球白菜幼苗进行抗冻筛选，且采用气质联用法分析苹果酸、果糖和甘露糖含量作为筛选依据，样品用量少，对植株伤害小，不影响后期生长和抽薹开花，有利于抗冻材料留种或进行杂交育种。

（2）本发明与安徽农业大学李叶云等发明的《一种茶树抗寒性鉴定与评价的方法》相比：该发明采用传统测定越冬期不同品种茶树与抗寒相关的生理生化指标，并采用主成分分析法进行品种筛选，取样量大，方法烦琐，不适合于蔬菜苗期筛选，也不能在苗期鉴定变异单株；本方法采用气质联用法作为分析方法，分析苹果酸、果糖和甘露糖含量作为筛选依据，样品用量少，对植株伤害小，不影响后期生长和抽薹开花，有利于抗冻材料留种或进行杂交育种。

（3）本发明与浙江农林大学温国胜等发明的《一种木麻黄抗寒性鉴定与评价方法》相比：该发明采用叶绿素荧光参数作为抗寒性鉴定和评价依据；本方法采用气质联用法作为分析方法，分析苹果酸、果糖和甘露糖含量作为筛选依据。

本方法鉴定后的单株抗冻材料可继续生长、抽薹、开花，用于杂交育种或留种，且鉴定过程于苗期进行，材料占用空间小、筛选范围大、用时较短，为开展结球白菜抗冻耐抽薹生理育种工作，解决大白菜在凝冻条件下的生产问题提供了重要的技术基础。

具体实施方式。下面结合实施例对本发明做进一步的详细说明，但本发明的保护范围不受具体实施例的任何限制，而是由权利要求加以限定。

实施例1：

（1）材料：以现有的'威-12-1''威-7-4''威-12-2''威-15-1''威-15-3''威-14-2''威-4-2''威-14-5'大白菜品种为材料。将种子常温浸种5 h后播种到育苗盘中，栽培基质为泥炭、蛭石和珍珠岩的混合物，在人工气候箱中于（20±1）℃下育苗。待幼苗长至5～6片真叶时进行冷驯化处理。

（2）将幼苗放入人工气候箱内4℃下进行冷驯化，处理期间光周期为光照12 h，光照强度15 000 lx；暗期12 h。相对湿度控制在65%左右，试验处理10 d。用1 cm打孔器在经冷驯化处理的结球白菜幼苗第3叶主脉两侧取叶圆片，称取100 mg样品，置于2 ml带螺纹帽的圆底管中，液氮快速冷却。用研磨棒在冰冻条件下将样品磨碎。

（3）样品加入1 400 μl预冷在−20℃中的甲醇，摇匀10 s。加入60 μl核糖醇（0.2 mg/ml）作为内标，摇匀10 s。使用热混合器于70℃以950 r/min速度提取10 min，11 000 g离心10 min。转移上清液到另一玻璃管中，加入750 μl预冷却的氯仿（−20℃），摇匀10 s。加入14 000 μl预冷却的双蒸水（−20℃），摇匀10 s。2 200 g离心15 min，转移上清液150 μl到另一干净的1.5 ml管中，将样品室温真空干燥。

（4）加40 μl甲氧氨基化试剂，37℃反应2 h，持续振荡。将70 μl硅烷化试剂N-甲基-N-三甲基硅基三氟乙酰胺（MSTFA）加入样品反应管中，37℃振荡反应30 min。转移衍生化好的样品到适合GC-MS分析的内衬管中，取1 μl于Agilent 5975C气质联用仪进样测定。利用仪器自带的数据分析软件生成谱图并积分，NIST08和WILEY275标准质谱图库定性，采用内标法对苹果酸、果糖和甘露糖进行定量，计算结球白菜苹果酸、果糖和甘露糖含量。

（5）选取苹果酸含量大于1 000 μg/（g·FW），甘露糖含量大于2 000 μg/（g·FW），果糖含量大于1 800 μg/（g·FW）的结球白菜幼苗移栽到大田，行株距30 cm×50 cm，常规管理，最后选择耐抽薹经济性状和抗病性较好的威-12-1、威-7-4、威-14-2三个自交系留种。用于杂交育种。

实施例2：

（1）材料：以实施例1鉴选出的特抗寒且耐抽薹经济性状较好的自交系：威-12-1、威-14-2、威-7-4分别与引进品种后代分离选育的4个优良自交系：dj-1、f-4、c-1、a-2 配置杂交组合 12 个；及杂交组合 F_2 代分离的后代单株 10 个，将其上述种子常温浸种 5 h 后播种到育苗盘中，栽培基质为泥炭、蛭石和珍珠岩的混合物，在人工气候箱中于（20 ± 1）℃下育苗。待幼苗长至 5~6 片真叶时进行冷驯化处理。

（2）将幼苗放入人工气候箱内 4 ℃下进行冷驯化，处理期间光周期为光照 12 h，光照强度 15 000 lx；暗期 12 h。相对湿度控制在 65% 左右，试验处理 10 d。用 1 cm 打孔器在经冷驯化处理的结球白菜幼苗第 3 叶主脉两侧取叶圆片，称取 100 mg 样品，置于 2 ml 带螺纹帽的圆底管中，液氮快速冷却。用研磨棒在冰冻条件下将样品磨碎。

（3）样品加入 1 400 µl 预冷在 -20 ℃中的甲醇，摇匀 10 s。加入 60 µl 核糖醇（0.2 mg/ml）作为内标，摇匀 10 s。使用热混合器于 70 ℃以 950 r/min 速度提取 10 min，11 000 g 离心 10 min。转移上清液到另一玻璃管中，加入 750 µl 预冷却的氯仿（-20 ℃），摇匀 10 s。加入 14 000 µl 预冷却的双蒸水（-20 ℃），摇匀 10 s。2 200 g 离心 15 min，转移上清液 150 µl 到另一干净的 1.5 ml 管中，将样品室温真空干燥。

（4）加 40 µl 甲氧氨基化试剂，37 ℃反应 2 h，持续振荡。将 70 µl 硅烷化试剂 N-甲基-N-三甲基硅基三氟乙酰胺（MSTFA）加入样品反应管中，37 ℃振荡反应 30 min。转移衍生化好的样品到适合 GC-MS 分析的内衬管中，取 1 µl 于 Agilent 5975C 气质联用仪进样测定。利用仪器自带的数据分析软件生成谱图并积分，NIST08 和 WILEY275 标准质谱图库定性，采用内标法对苹果酸、果糖和甘露糖进行定量，计算结球白菜苹果酸、果糖和甘露糖含量。

（5）选取苹果酸含量大于 1 000 µg/（g·FW），甘露糖含量大于 2 000 µg/（g·FW），果糖含量大于 1 800 µg/（g·FW）的结球白菜幼苗移栽到大田，行株距 30 cm × 50 cm，常规管理。

参考文献

陈梅，唐运来．2012．低温胁迫对玉米幼苗叶片荧光参数的影响［J］.内蒙古农业大学学报，33（3）：20-24．

郝再彬．2002．植物生理学实验技术［M］.哈尔滨：哈尔滨出版社，73-76．

胡文海，黄黎锋，肖宜安，等．2005．夜间低温对 2 种榕树叶绿素荧光的影响［J］.浙江林学院学报，22（1）：20-23．

李光庆，谢祝捷，姚雪琴，等．2010．花椰菜叶绿素荧光参数与耐寒性的关系研究［J］.园艺学报，37（12）：2001-2006．

李俊，李玲，张春雷等．2012．长江中游区冬油菜抗冻性的光合及生物学指标筛选与分析 [J]．西北农业学报，21（7）：100-106．

李欣，刘福春，王君，等．2011．低温胁迫下不同砧木嫁接黄瓜幼苗保护酶活性的比较 [J]．安徽农业科学，39（4）：1956-1958．

刘慧英，朱祝军，吕国华，等．2003．低温胁迫下西瓜嫁接苗的生理变化与耐冷性关系的研究 [J]．中国农业科学，36（11）：1325-1329．

刘庆华，巫东堂．2009．大白菜抽薹的影响因素研究进展 [J]．山西农业科学，37（2）：82-84．

许大全．1997．光合作用气孔限制分析中一些问题 [J]．植物生理学通讯，33（4）：241-244．

尹永强，胡建斌，邓明军，等．2007．植物叶片抗氧化系统及其对逆境胁迫的响应研究进展 [J]．中国农业学报，23（1）：105-110．

张志良，瞿伟菁，李小方．2009．植物生理学实验指导（第4版）[M]．北京：高等教育出版社，100-228．

Allen R D．1995．Dissection of oxidative stress tolerance using transgenic plants [J]．Plant PhysioJogy，107:1049-1054．

Ashraf M.，Harris C．2013．Photosynthesis under Stressful Environments: An Overview[J]．Photosynthetica，51（2）：163-190．

David J Schuller, Nenad Ban, Robert Bvan Huystee．1996．The crystal structure of peanut peroxidase [J]．Structure. 4（2）:311-321．

Halliwell B．1976．The presence of glutathione and glutathione reductase in chloroplasts: aproposed role in ascorbic acid metabolism[J].Plant Cell physiology．24（3）:425-435．

Liu M.，Osborne C. 2013．Differential freezing resistance and photoprotection in C3 and C4 eudicots and grasses [J]. Journal of Experimental Botany，64（8）:2183-2191．

Maria D, Ewa S, Zbigniew K．2004．Copper-induced oxidative stress and antioxidant defence in *Arabidopsis thaliana*[J]．Biometal，17（4）:379-387．

Rapacz M, Wolanin B.，Hura K．2008．The Effects of Cold Acclimation on Photosynthetic Apparatus and the Expression of COR14b in Four Genotypes of Barley（*Hordeum vulgare*）Contrasting in their Tolerance to Freezing and High-light Treatment in Cold Conditions[J]．Annals of Botany，101: 689-699．

Su W, Mi R，Wang W, et al．1990．The influence of cold hardness of plant stress sensitivity[J]．Acta Photophysiological Sinica，l6（3）:284- 292．

Thomasshow M．1999．Plant Cold Acclimation: Freezing Tolerance Genes and Regulatory Mechanisms [J]．Annual Review of Plant Physiology and Plant Molecular Biology，50:571-99．

Wanner L, Junttila O．1999．Cold-Induced Freezing Tolerance in *Arabidopsis* [J]．Plant Physiology，120:391-399．

（彭剑涛）

第九章
白菜游离小孢子培养技术

现代生物技术在许多作物的种质创新中日益得到广泛应用，在白菜育种上应用较多的是组织培养和基因工程。而基因工程是以组织培养为基础的，目前与白菜育种紧密结合的组织培养技术是游离小孢子培养技术，白菜游离小孢子培养技术已经比较成熟，利用此技术可缩短育种年限，提高选择效率。本章对贵州白菜生物技术研究的主要研究内容和研究进展做一个总结性的回顾。

第一节　游离小孢子培养

游离小孢子是一种兼具单倍性和单细胞特性的植物材料，可以从少量花蕾中分离到大量的发育同步的细胞群体，由小孢子胚胎发生得到的单倍体能发育成完整的植株，但是其植株由于染色体数为减数分裂后的染色体数，不能产生配子体而植株不育。在培养过程中也能自然加倍或通过秋水仙素加倍后应用，恢复二倍体水平且植株可育（Castillo et al, 2009），单倍体染色体加倍后得到植株世代中每一个位点都是纯合的，称为DH（Double hapliod）植株，广泛应用于植物育种中，提高了育种速度和效率（Forster et al, 2007; Germana, 2006）。

一、游离小孢子培养技术研究进展

Lichter（1982）首次利用游离小孢子培养获得油菜单倍体植株，日本学者 Sato 等（1989）首次利用游离小孢子培养技术在大白菜中取得成功。国内外有关游离小孢子培养的报道多集中于油菜（Lichter, 1982; Elhiti, 2013）、小麦（Minesh et al，2004）、大麦（Simone et al，2003），蔬菜有大白菜（曹鸣庆等，1993；栗根义 1993；申书兴等，1995；蒋武生，2005，2008；邓英，2012）、羽衣甘蓝、结球甘蓝（冯辉，2007）、芥菜（邓英，2010；顾祥昆，2013）、青花菜（张德双，1998），主要涉及小孢子离体培养发育途径，影响游离小孢子培养胚胎形成的关键因素研究及植株再生因素研究。小孢子胚发生受基因型、小孢子发育时期、预处理、培养基成分等关键因素的影响。

（一）基因型

尽管小孢子胚培养延伸到很多植物家族中（Ferrie et al，2011；Ferrie 2013），目前已在 250 多个物种上进行了小孢子培养技术的研究，但只有近 30 个种中成功诱导胚胎发生，很多物种是非常顽固的，无法启动小孢子胚胎发育（Wang et al，2000；Maluszinsky et al，2003）；甚至在一些成功的物种中也存在着非常顽抗的基因型，限制了小孢子培养技术的应用。顽抗基因型对小孢子胚胎形成的顽抗性也许存在以下几种可能：缺乏对诱导信号的反应能力；不能形成胚性细胞；不能进行胚胎分化（袁素霞，2009）。

（二）小孢子发育时期

在大多数物种中，对胚诱导反应最强烈的花粉发育阶段是 PMI（第一次有丝分裂）前或刚好 PMI 之后，此时小孢子有一个大液泡和一个靠边的核。这是小孢子培养中胁迫后细胞骨架重新组合的最有效的一个前提，中心细胞取代中心核并形成早期维管束（正常发育的细胞是没有的），这标志着细胞能水平分裂（Simmonds and Keller，1999；Telmer et al，1993）。化学药剂如秋水仙素、细胞松弛素 D 和正丁醇的应用表明维管束和机动蛋白重新组合，维管束和机动蛋白在细胞发育途径中起着重要的作用，这一阶段有形成胚胎的能力，后来国内外有很多研究证实了这一点。PM Ⅱ（第二次有丝分裂）时期后，花粉粒已进入一个高度翻译程序（Honys and Twell，2003），对于二核后期花粉粒胁迫处理细胞骨架不能重排，要进入孢子体发育是很难的。

（三）预处理

在接种之前对花蕾或游离小孢子应用适当的方法进行预处理，促使小孢子由配子体途径转向孢子体途径发育，有利于胚的形成。

目前报道中常采用的预处理方法主要包括物理方法（温度处理、离心处理、饥饿处理）和化学方法（药剂处理）。除离心之外，较为广泛使用的是低温处理和甘露醇处理。

（四）胁迫处理

胁迫处理如冷、热、缺C和秋水仙碱都能诱导小孢子胚发生。高温热激处理已经被证明能改变小孢子的发育途径，使其从配子体发育途径向孢子体发育途径转变，从而诱导小孢子胚的发生。Custers等（1994）报道，32.5 ℃足以改变小孢子的发育途径；而在17.5 ℃，小孢子倾向于配子体途径。栗根义等（1993）认为高温预处理可能是通过改变小孢子发育途径，阻止了小孢子向成熟花粉粒方向发展，促进其沿胚胎发生途径发展，最后形成小孢子胚。蒋武生等（2005）认为大白菜花粉培养，接种后在33 ℃高温预处理24～48 h，产胚量较高。

（五）培养基及其成分

游离小孢子培养中常用的基础培养基有N_6、NLN、MS、B_5等。大麦、小麦等作物常使用N_6培养基作为基本培养基。十字花科作物中主要使用NLN作为基本培养基，如大白菜、萝卜等。在黄瓜组织培养中常用的是MS和B_5培养基。

蔗糖浓度。培养基中加蔗糖不仅为小孢子培养提供碳源，而且还调节培养基的渗透压。游离小孢子培养常用NLN培养基，大白菜小孢子培养以NLN-13（蔗糖浓度为13%）液体培养基效果较好（蒋武生，2005），刘艳玲等（2006）认为13%蔗糖适合较多基因型的结球甘蓝小孢子成胚。

培养基的pH值。Barinova等（2004）认为烟草和金鱼草小孢子25 ℃条件下培养基pH值8～8.5培养4～6 d，小孢子均等分裂频率增加，将其转到pH值为6.5的培养基中形成多细胞结构并获得胚状体和再生植株，并认为培养基pH值调节游离小孢子培养发育途径。NLN-13培养基pH值对小孢子胚出胚率有很大的影响，特别是顽抗基因型。pH值6.2或6.4比5.8出胚率高35倍（Yuan et al，2012）。

外源物质。在热激期间加入秋水仙素可提高胚的诱导率（Zaki and Dickinson，1991），在不热激的情况下，秋水仙素还可单独诱导胚发生并能使染色体加倍（Zhao et al，1996a），在除去秋水仙素后又能恢复正常的有丝分裂和细胞质原浆移动（Zhao et al，1996b）。

$AgNO_3$的作用可能是抑制外植体内乙烯的生物合成。乙烯在雄性生殖过程中作用非常微妙，过多会抑制胚的形成，缺乏则不利于诱导胚的发生（Cho and Kasha，1989）。曹鸣庆（1991）采用62.5 mg/L的$AgNO_3$明显促进了花椰菜小孢子胚的诱导，也证实了$AgNO_3$的作用。

对于植物激素的作用效果各研究报道不尽相同。Sato（1989）认为，添加激素（NAA 0.5 mg/L+ 6-BA 0.05 mg/L）与否，小孢子胚的诱导效果差别不显著。徐艳辉（2001）认为 BA 对大白菜小孢子胚胎发生有一定的促进作用，0.2 mg/L 浓度有利于小孢子胚状体的发生，但对成胚较难的基因型，BA 的作用不大。

在一些作物游离小孢子培养中，在培养基中添加适量的活性炭能提高产胚率，可能是活性炭能吸附小孢子培养过程中释放出的有害物质。刘凡等（2001）认为在培养基中添加适量的活性炭能够明显促进白菜小孢子胚胎发生及发育。郭世星等（2005）研究了活性炭对甘蓝型油菜小孢子胚胎发生的影响，发现活性炭不仅提高了胚产量，而且有利于胚的正常发育，显著提高出苗率，并使分化的幼苗健壮、根系发达。

二、小孢子培养胚胎发生机理的研究进展

目前，小孢子胚胎诱导和形成作为一种研究细胞全能性的模式体系已经引起很多学者的兴趣。不少学者对小孢子胚胎发生的机制从细胞形态学、代谢组分及分子水平进行了研究，已经取得了一些进展。

（一）细胞学观察

最早开始的胚胎发生过程的研究主要是对小孢子的形态学和细胞学进行观察。

（二）小孢子胚的发育途径

花粉粒是一种终端结构，但是在培养中能够诱导继续分裂并形成单倍体胚。Sunderland & Evans（1980）找到五个主要途径支持胚的发育。单核小孢子分裂后形成多核结构（B 途径），或发育中的细胞分裂成未成熟花粉粒，或生殖细胞（A 和 E 途径）。在一些植物中，细胞分裂前营养核与生殖核融合（C 途径），还有多核体最初形成时被称为 D 途径。

在甘蓝型油菜（Zaki and Dickinson，1991）、小麦（Pulido et al，2005）、大麦（Sunderland and Evans，1980）、烟草（Sunderland and Wicks，1971）中普遍能观察到小孢子分裂形成孢子体结构。小孢子通过营养细胞分裂伴随着生殖细胞退化而发育也是很普遍的（Fan et al，1988；Reynolds，1993；Sunderland，1974；Sunderland and Wicks，1971）。尽管 2 个类生殖细胞是多核结构，但没有观察到生殖细胞分裂形成多核细胞结构的报道，在甘蓝型油菜（Fan et al，1988；Kaltchuk-Santos et al，1997）、小麦（Reynolds，1993；

Szakács and Barnabás，1988）、大麦（González and Jouve，2005）和辣椒（Kim et al，2004）等物种中观察到由营养核发育成多细胞结构。在大麦小孢子胚胎发生中发现26S蛋白酶体增量调节系统，细胞内含物发生重组非常重要，它是消除配子体组织而转向新的细胞途径必需的第一步。雄配子体发育阶段进行离体培养并胁迫处理，在相同的培养中不同的途径共存，并随着物种的不同频次发生变化（Custers et al，1994；Kasha et al，2001）。是否是所有的途径导致胚的发生，这一点是不清楚的。

（三）多细胞组织的变化

胁迫处理后常常会诱导出胚，部分小孢子停止发育，部分转向孢子体或继续配子体发育。已进行孢子体途径的小孢子有不同的命运：有的在几次分裂后停止发育，有的形成类愈伤结构，只有少部分形成胚。在小孢子胚胎发育培养中最初的均等分裂经常观察到，不幸的是，没有可靠的数据证明发生均等分裂与潜在胚胎发生或胚的发育有相关性，特别是谷类作物中（González and Jouve，2005）。最近，延进时成像研究表明均等分裂与不均等分裂都能生长成胚，标志着细胞发育途径与均等分裂关系不是那么紧密（Tang et al，2013）。

（四）细胞壁破裂及被释放出来的类胚结构继续发育

甘蓝型油菜中有这样的描述，孢子体壁内任意方向反复分裂形成单倍体胚。多细胞团继续分裂直到花粉壁张开并破裂，释放出球形结构。在小孢子胚胎发育中花粉粒外壁破裂是很重要的一步。很多孢子体在外壁破裂之前停止分裂而不能形成胚（Maraschin et al，2005b）或过早的破裂（Sunderland and Wicks，1971；Telmer et al，1993）。一些报道表明破裂的位置在极性形成中起很重要的作用。

从细胞壁中释放出来的类胚结构继续发育成类合子胚结构，也经历球形胚、心形胚、鱼雷形胚、子叶形胚时期。

目前，外界胁迫诱导是启动胚胎发生的关键因素，诱导之后的胚性小孢子具有很多形态学上的特有特征，但仍不确定哪一个形态特征是小孢子进行胚胎发育的普遍特征。此外，小孢子胚胎发生的形态学特性是否与胁迫方式和物种有关，还有待研究。

（五）代谢水平

（Barinova，2004；Yuan et al，2012）的实验结果表明，培养基的高pH

值有利于游离小孢子的胚胎发生，并对其诱导机制进行了研究，发现在高 pH 值培养基中培养的小孢子，其体内转化酶的活性大幅度降低，从而导致了小孢子对培养基中蔗糖的代谢减慢。

（六）分子水平

雄配子体是小孢子胚胎发生发育起点，这方面的研究也较深入一些。例如，拟南芥花粉转录物（Honys and Twell，2004）、油菜转录物和蛋白质分析（Joosen et al，2007；Tran et al，2013）。小麦中小孢子转录物与二核花粉有极高的相似性，小孢子的转录物表现出与成熟花粉有部分重叠。但是与其他植物的孢子阶段相似性较高（Honys and Twell，2003；Joosen et al，2007；Tran et al，2013；Whittle et al，2010）。基因表达研究目的是理解小孢子胚的分子基础，基于诱导出胚、没有诱导出胚和花粉发育的比较，尽管这些研究有着共同的目标，但是要得到一张从花粉发育到单倍体胚的发育开关的分子变化图谱是很困难的。

第二节　贵州大白菜生物技术的研究概况与展望

自 2006 年开始，贵州省园艺研究所开展了白菜小孢子培养技术研究，目前为止，已建立了白菜小孢子培养技术体系，利用小孢子培养技术获得双单倍体（Double haploid，DH）1 500 株，获得优良 DH 系 30 个，并用于杂交组合的配制。

一、供体植株的培养

于每年的 7—10 月分批播种，每隔 20 d 播一次，于翌年的 2—4 月进行小孢子培养。供体植株生长的环境条件对小孢子胚胎发生率有一定的影响，而且不同品种的适宜环境条件不同，一般从发育健壮的植株上取花蕾进行培养效果较好。故选择土壤肥沃、透气性好的地块种植，生长期加强肥水管理。每年 2—4 月植株开花，可进行小孢子培养。如遇寒冷（凝冻）天气，植株延迟开花且花期延长，并且材料带菌少，减轻小孢子培养的污染程度，非常有利于芸薹属蔬菜的小孢子培养。

第一朵花开 3～5 d 后，每天早晨 8：00—10：00 选取植株健壮的主花枝或一次分枝，用冰盒保存。选主枝上花序已开花，且开花的朵数在 1～10 朵，开 3～5 朵花的主花序的花蕾的出胚率相对较高。因为主花序花粉活力强，小孢子的发育时期较一致，但不同材料之间存在差异。如果没有合适的主花序可取，可以取侧枝的花蕾，但一定要选取距主花序最近的侧枝。如果遇到阴雨天气，在选花蕾时，不要选柱头露出的和花蕾裂开的，以免灭菌不彻底。

二、材料预处理

预处理是小孢子培养成功的前提条件，预处理的目的是改变小孢子的发育方向，使尽可能多的小孢子从配子体发育途径转向孢子体发育途径（即成为具胚胎发生潜力的小孢子）。适当的预处理能使绿苗产量大量增加。

预处理方法：主要是对花药进行适度的逆境处理，包括低温、高温、化学物质、离心、射线等。

低温预处理：指在接种之前将材料用 0 ℃以上低温处理一段时间后再接种，应用较多。处理温度一般在 1~14 ℃，时间从几小时至几十天不等。不同作物所用的预处理温度及时间差异较大。不同的处理温度需要不同的时间。

有研究报道低温有利于小孢子的胚胎发生，认为对适时采取的花序或花蕾进行低温预处理，可以有效地打断小孢子预定的配子体发育途径，启动小孢子形成个体的发育途径，从而大大提高小孢子胚状体发生的频率。研究表明对白菜花序进行 4 ℃低温预处理，对小孢子培养胚状体的发生有促进作用，处理 1 d 胚产量有明显提高，处理 2 d 胚产量有所下降，处理 4 d 也有胚状体产生，处理 5 d 则没有胚状体产生。对 3 月后采回的花序置于 4 ℃低温处理 1~4 d，不但能提高小孢子的出胚率，还可以延长花期。

高温处理（热击处理）：指小孢子接种后，先在较高温度下（30~35 ℃）培养数天，然后再移至正常温度下继续培养。

化学物质处理：包括高糖、甘露醇、秋水仙素、乙烯利等进行处理。甘露醇仅能维持渗透压，不能提供碳源，其主要原理是造成小孢子营养饥饿，从而使小孢子去分化。

其他处理：包括 γ 射线、离心、磁场等。

三、花粉发育时期

小孢子培养的关键环节是选择合适的小孢子发育时期，最适合游离小孢子培养的发育时期是单核靠边期或二核早期。贵州省园艺研究所蔬菜遗传育种实验室研究人员利用镜检、花蕾长度、瓣药比、花药颜色综合指标进行选择。利用荧光染色来观察小孢子的发育情况（图 9-1）。结果瓣药比为 3/4 时，观察到 80% 的小孢子处于单核靠边期，小孢子所占比例大，诱导频率高。通过荧光染色观察，就试验所用的基因型而言，一般瓣药比为 1/2 时小孢子处于四分体到单核早期，瓣药比大于 3/4 时小孢子处于二核期，瓣药比大于 1 时小孢子处于 3 核期，因此，白菜最适合的选蕾标准是瓣药比为 3/4时。而花蕾长度则不同的品种长度不同，用于作为选蕾标准不够准确。

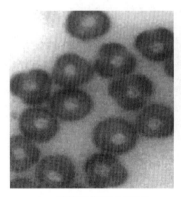
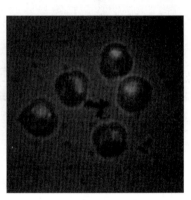

A．单核中期的小孢子   B．单核靠边期的小孢子

图 9-1　单核期小孢子

四、培养基

白菜小孢子培养主要是 B5（小孢子提取液）和 NLN（小孢子培养液）培养基，添加 13% 的蔗糖，用孔径为 0.45 μm 和 0.22 μm 微孔滤膜推滤，pH 值为 5.8，在 116 ℃下灭菌 30 min，灭菌前 pH 值为 5.8。

五、小孢子的分离与纯化

1. 小孢子的分离方法

自然散落法（漂浮培养散落小孢子收集法）：将花药接种在预处理液或液体培养基上，待花粉自动散落后，收集培养。

挤压法：在烧杯或研钵中挤压花药，将花粉挤出后收集培养。

磁搅拌法：用磁力搅拌器搅拌培养液中的花药，使花粉游离出来。

超速旋切法：通过搅拌器中的高速旋转刀具破碎花蕾、穗子、花药，使小孢子游离出来（此法应用最广）。

2. 小孢子纯化

将花蕾用 75% 的酒精浸泡 30 s，用 0.1% HgCl$_2$ 消毒 5～10 min，无菌水冲洗 5 次。然后将花蕾置入 10 ml 试管中，加入 B5-13 冲洗液 1 ml，用玻璃棒挤破花蕾散出小孢子。将小孢子悬浮液用 300 目滤网过滤，收集滤液于10 ml 离心管中，在 1 000 r/min 下离心 3 min，沉降小孢子，弃去上清液。

再加入 B5-13 冲洗液 5～7 ml，重新悬浮小孢子，离心，重复 3 次，最后加入 NLN-13 培养基，按每皿 6 个花蕾的小孢子密度，将悬浮液分装到直径为 60 mm 的培养皿中，每皿 3 ml NLN-13 培养基，用 Parafilm 膜封口。

六、小孢子培养及发育过程

培养皿放入 33 ℃热激培养 2 d 后转入 25 ℃黑暗条件下培养，每天上午 10：00 将培养皿放在倒置显微镜下观察小孢子胚胎发生过程，培养 20 d 后统计小孢子胚的数目。

热激培养 2 d 后，小孢子明显膨大，其体积约是未膨大小孢子的 3～4 倍（图 9-2 A）；3 d 后部分膨大的小孢子开始分裂，第 7 d 后形成明显的细胞团（图 9-2 B、C），第 10 d 后开始有明显的球形胚出现（图 9-2 D、E），球形胚继续生长，慢慢长成心形，第 12 d 后长成明显的心形胚（图 9-2 F、G），心形胚继续生长，向鱼雷形胚发育，第 14 d 后开始出现鱼雷形（图 9-2 H），第 15 d 长成典型的鱼雷形胚（图 9-2 I），第 16～17 d 慢慢形成子叶形胚（图 9-2 J、K），放入摇床上进行震荡培养，子叶形胚进一步生长，形成典型的子叶形胚（图 9-2 L）（唐兵等，2017）。

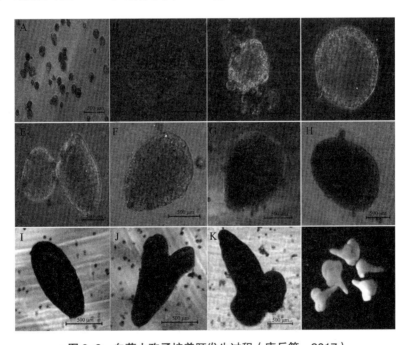

图 9-2　白菜小孢子培养胚发生过程（唐兵等，2017）

A. 膨大小孢子；B、C. 分裂细胞团；D、E. 球形胚；F、G. 心形胚；
H、I. 鱼雷形胚；J、L. 子叶形胚

七、小孢子胚状体再生成植株及增殖

小孢子培养 20 d 后将子叶形胚状体接种于 B5+6-BA（0.2 mg/L）+NAA（0.02 mg/L）固体培养基上（含 2% 的蔗糖和 7% 的琼脂），置光照培养箱中培养（培养温度为 25 ℃，光照强度 3 000 lx，光照 16 h，黑暗 8 h），1 周后转绿，20 d 后逐渐成苗，成苗后在此培养基上每 10～15 d 转接 1 次，形成较多的幼苗（图 9-3）。

图 9-3　白菜小孢子胚再生成植株

八、小孢子植株的继代培养、生根及移栽

由于白菜小孢子植株形成正是夏季高温季节，增殖培养得到一定株数后需进行继代培养。将小孢子再生植株于无菌条件下去除老叶，移入不加激素的 MS+3% 蔗糖 +7% 琼脂培养基上进行继代培养。移栽前先转接在MS+NAA 0.1 mg/L 生根培养基上生根，然后将试管苗移出，种植在泥炭土、蛭石与珍珠岩的基质上（5∶1∶1），在室内培养 1 个月左右，将营养盘移到室外，待苗长至 5 片真叶时移栽到大田中生长（图 9-4）。

A. 白菜再生植株生根　　　　　B. 白菜再生植株移栽

图 9-4　白菜小孢子培养再生植株生根移栽

九、倍性鉴定

自 1937 年人工诱导多倍体成功以来，多倍体的育种和应用进入了崭新的时代，倍性育种为农业生产带来了可喜局面，倍性鉴定是其必需环节。关于倍性鉴定，许多科研人员做了大量研究，截至目前也取得了显著的成效。

李春红等通过对玉米花药培养再生植株倍性鉴定的研究，发现单倍体与二倍体花粉植株之间叶片气孔保卫细胞长度差异极显著，据此进行鉴定，其准确性极高，可达到 95%。郭永强等研究发现，叶片气孔保卫细胞叶绿体压片法对西葫芦胚囊再生植株的倍性鉴定有效。周志国等以萝卜游离小孢子再生植株为试验材料，研究发现，根尖染色体鉴定是植株倍性鉴定最为准确的方法，而运用流式细胞仪则可迅速进行倍性鉴定，且较为准确。王邦荣等通过对菊花染色体倍性鉴定的研究，认为染色体计数法和流式细胞仪法 2 种方法的结合不但能提高染色体倍性鉴定的准确性，而且还可以提高鉴定效率。邓耀华等研究发现，观测气孔保卫细胞叶绿体数对甘蓝小孢子植株倍性进行鉴定，简易而且有效。韩阳等通过大白菜小孢子植株倍性鉴定的研究，认为 DNA 流式细胞仪鉴定法的准确率较高，达 94.44%，适合于植株群体的倍性鉴定；植株形态鉴定法可用于成株倍性鉴定；气孔特征鉴定法效果不明显，有待进一步研究。

目前，对于植株倍性的鉴定，体细胞染色体计数法是最基本和最精确的方法，但此方法操作过程比较烦琐且工作量大；利用流式细胞仪快速、简便、准确，但需要有较昂贵的专门设备。植株形态鉴定在整个生长期都能鉴定，但工作人员要有一定的经验。田间花蕾大小及有无花粉鉴定简单、方便，但要在植株生长的后期才能进行，不利于单倍体的加倍。观察叶片气孔大小、保卫细胞叶绿体数目在生长的任何时期都能进行，且操作简单，但此方法对于不同的物种和不同的倍性准确率差异较大。几种倍性鉴定方法如下。

1. 根尖染色体观察

（1）取材：用刀片切取大白菜根尖 0.5～2.5 mm 处的分生区组织。

（2）预处理：在培养皿中铺 2 层滤纸，加一浅层浓度为 0.002 mol/L 的 8-羟基喹啉（8-hydroxyquinoline），将刚切下的根尖均匀摆齐，让少部分材料能露出预处理液的液面，预处理时间 2 h 左右。

（3）前低渗：去掉预处理液，用 0.075 mol/L 氯化钾低渗液浸没材料，25 ℃下处理 30 min。

（4）酶解去壁：将纤维素酶及果胶酶按 5% 的浓度充分溶解，再按 1∶1 等量混合，配成 2.5% 浓度混合酶，现配现用。吸除前低渗液后，加入混合酶液；25 ℃下处理 2～4 h，以被处理材料一触即破为度。

（5）后低渗：混合酶液回收以后，用 25 ℃蒸馏水清洗 2～3 次。清洗完毕后，向被处理材料中缓慢加入去离子水，浸没材料为度，25 ℃下浸泡 30 min，让细胞吸水吸胀。

（6）固定：将低渗后的材料直接用卡诺氏固定液（冰乙酸∶甲醇 =1∶3）固定 30 min。

（7）涂片：将材料放在清洁载玻片上，滴一滴固定液，然后用镊子取出，迅速将材料敲碎涂抹，并去掉大块组织残渣，放在酒精灯火焰上微微加热干燥。

（8）染色：滴一滴醋酸洋红在干燥的涂片材料上，浸没材料区，染色 15 min。然后用自来水缓慢冲洗载玻片。待多余染料冲洗完毕后，载玻片自然干燥，加盖盖玻片，用显微镜观察。

（9）观察：在显微镜下选择根尖染色体的清晰图像进行观察，染色体数目为 10 条的是单倍体，20 条的是双单倍体，30 条的是三倍体，40 条的是四倍体，若染色体数目不是 10 的倍数，则为嵌合体。

2. 叶片保卫细胞叶绿体观察

（1）取样：在小孢子植株中从已通过根尖染色体计数法鉴定为单倍体、二倍体及多倍体材料中选取苗大小为 8～9 片叶植株上的叶片进行观察，统计不同倍性植株的第 4、第 6 片叶的叶绿体数目，每叶片均随机取 2 个部位进行观察，随机选取叶绿体观察清晰的气孔保卫细胞统计叶绿体数目，每个部位统计 5 个，共统计 20 个气孔内的叶绿体数目。

（2）制片：取新鲜的叶片，浸泡于现配的卡诺氏固定液（无水乙醇∶冰醋酸 = 3∶1）中至叶片颜色褪色为止，取褪色叶片用无菌水冲洗 3～5 次，用镊子撕取叶片下表皮置于载玻片上，用 1% 碘—碘化钾染色 30 s，盖上盖玻片后即可观察计数。

（3）显微镜观察计数和数据处理：在 10×40 倍显微镜下观察计数并对所得数据进行处理。

3. 叶片保卫细胞大小测定

在进行叶片保卫细胞叶绿体观察的同时使用测微尺进行叶片保卫细胞大小的测量，随机选取气孔进行测定。每个部位测定 5 个，共测定 20 个气孔的大小。

4. 流式细胞仪检测

从叶片上切 1 cm² 左右的小块放入培养皿内，加入 0.8 ml A（Partec HR）溶液。用刀片将叶片切碎，加入 1.6 ml B（Partec HR）溶液，用孔径为 30 μm 的 Partec Celltrics TM 将样品过滤到样品管内，将样品管插入分析仪，约 20 s 后分析仪自动形成代表该样品倍性的 DNA 含量峰值图。以正常二倍体为对照（图 9-5）。

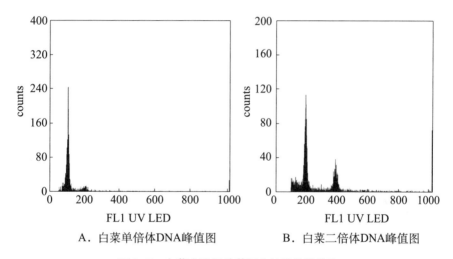

A. 白菜单倍体DNA峰值图　　　　　B. 白菜二倍体DNA峰值图

图 9-5　白菜小孢子培养再生植株倍性鉴定

十、染色体加倍技术研究

通过以上倍性鉴定，白菜单倍体自然加倍率 80% 以上，一般不用人工加倍。若需加倍用 0.5% 秋水仙素浸泡生长点 2 h 为宜。

十一、获得的 DH 系

贵州省园艺研究所利用小孢子培养技术创制白菜 DH 系 30 个，并配制杂交组合（图 9-6）。

图 9-6　利用 DH 系配制的杂交组给

参考文献

曹鸣庆，李岩，刘凡. 1993. 基因型和供体植株生长环境对大白菜游离小孢子胚胎发生的影响 [J]. 华北农学报，8(4):1-6.

栗根义，高睦枪，赵秀山. 1993. 高温预处理对大白菜游离小孢子培养的效果（简报）[J]. 实验生物学报，26(2):165-167.

邓英. 2010. 芥菜 (Brassico juncea Coss.). 游离小孢子培养诱导胚状体发生因素研究 [D]. 重庆：西南大学.

邓英，陶莲，李正丽，等. 2012. 大白菜游离小孢子的培养及植株再生 [J]. 贵州农业科学，40(6):19-21.

蒋武生，原玉香，张晓伟，等. 2005. 提高大白菜游离小孢子胚诱导率的研究 [J]. 华北农学报，20(6):34-37.

蒋武生，姚秋菊，张晓伟. 2008. 活性炭和振荡培养对提高大白菜胚诱导率的影响 [J]. 中国瓜菜 (4):1-3.

冯辉，冯建云，姜凤英，等. 2007. 影响羽衣甘蓝游离小孢子培养中胚状体发生的几个因素 [J]. 植物生理学通讯，43(3):545-546.

顾祥昆，李菲，张淑江，等. 2013. 芥菜游离小孢子培养技术研究 [J]. 中国蔬菜 (12):23-30.

张德双，曹鸣庆，秦智伟. 1998. 绿菜花游离小孢子培养胚胎发生和植株再生 [J]. 华北农学报，13(3):102-105.

袁素霞. 2009. 甘蓝和青花菜小孢子培养及早期胚胎形成相关基因差异表达分析 [D]. 北京：中国农业科学院.

刘艳玲. 2006. 甘蓝类蔬菜游离小孢子培养胚发生及其再生植株的研究 [D]. 重庆：西南大学.

徐艳辉，冯辉，张凯，等. 2001. 大白菜游离小孢子培养中若干因素对胚状体诱导和植株再生影响 [J]. 北方园艺 (3):6-8.

刘凡，莫东发，姚磊，等. 2001. 遗传背景及活性炭对白菜小孢子胚胎发生能力的影响 [J]. 农业生物技术学报 (3):297-300.

郭世星，牛应泽，刘玉贞. 2005. 低温预处理对甘蓝型油菜小孢子胚胎发生的影响 [J]. 中国农学通报 (9):231-233.

申书兴，赵前程，刘世雄，等. 1999. 四倍体大白菜小孢子植株的获得与倍性鉴定 [J]. 园艺学报，26(4):232-23.

唐兵，陶莲，卢松，等. 2017. 白菜游离小孢子培养高频胚诱导技术体系优化 [J]. 热带作物学报，(10):150-157.

Barinova I, Clement C, Martiny L, et al. 2004.Regulation of developmental pathways in cultured microspores of tobacco and snapdragon by medium pH [J]. Planta, 219: 141–146.

Castillo A, Cistué L, Vallés M, et al. 2009. Chromosome doubling in monocots [M]. Advances in Haploid Production in Higher Plants.

Cho H S, Cao J, Ren J P et al. 2001.Control of Lepidopteran insect pests in transgenic Chinese cabbage (Brassica rapa ssp. pekinensis) transformed with a synthetic Bacillus thuringiensis cry1C gene [J]. Plant Cell Reports, 20(1):1-7.

Custers J B M, Cordewener J H G, N Llen Y, et al.1994.Temperature controls both gametophytic and sporophytic development in microspore cultures of *Brassica napus* [J]. Plant Cell Reports, 13(5):267-271.

David Honys and David Twell.2003.Comparative Analysis of the Arabidopsis Pollen Transcriptome [J]. Plant Physiology, 132(2):640-652.

Elhiti Mohamed, Owen S D Wally,Mark F Belmonte, et al.2013. Expression analysis in microdissected shoot meristems of *Brassica napus* microspore-derived embryos with altered shoot meristemless levels [J]. Planta, 237:1065-1082.

Fan Z, Armstrong K, Keller W. 1988. Development of microspores in vivo and in vitro in *Brassica napus* L [J]. Protoplasma, 147:191-199.

Ferrie A, Bethune T, Mykytyshyn M. 2011. Microspore embryogenesis in Apiaceae [J]. Plant Cell Tiss Org Cult, 104:399-406.

Forster B P, Heberle-Bors E, Kasha K J, et al. 2007. The resurgence of haploids in higher plants [J]. Trends Plant Sci, 12:368-375.

Germanà M A.2006. Doubled haploid production in fruit crops [J]. Plant Cell Tiss Org Cult, 86:131-146.

González J, Jouve N.2005.Microspore development during in vitro androgenesis in triticale [J]. Biol Plant, 49:23-28.

Honys D, Twell D. 2004. Transcriptome analysis of haploid male gametophyte development in Arabidopsis[J]. Genome Biol, 5:R85.

Joosen R, Cordewener J, Supena E D J, et al .2007. Combined transcriptome and proteome analysis identifies pathways and markers associated with the establishment of rapeseed microspore-derived embryo development [J]. Plant Physiol, 144:155-172.

Kaltchuk-Santos E, Mariath J E, Mundstock E, et al .1997. Cytological analysis of early microspore divisions and embryo formation in cultured soybean anthers [J]. Plant Cell Tiss Org Cult, 49:107-115

Kasha K, Hu T, Oro R, Simion E, Shim Y .2001. Nuclear fusion leads to chromosome doubling during mannitol pretreatment of barley (*Hordeum vulgare* L.) microspores [J]. J Exp Bot, 52:1227-1238

Kim M , Kim J , Yoon M , et al.2004. Origin of Multicellular Pollen and Pollen Embryos in Cultured Anthers of Pepper (*Capsicum Annuum*) [J]. Plant Cell Tissue and Organ Culture, 77(1):63-72.

Minesh P, Norman L, Darvey.2004.Optimization of culture conditions for improved plant regeneration efficiency from wheat microspore culture. Euphytica, 140:197-204.

Maraschin S F, Gaussand G, Pulido A, et al .2005. Programmed cell death during the transition from multicellular structures to globular embryos in barley androgenesis [J]. Planta, 221:459-470.

Reynolds T L. 1993. A cytological analysis of microspores of *Triticum aestivum* (Poaceae) during normal ontogeny and induced embryogenic development [J]. Am J Bot, 80:569-576.

Sato T, Nishio T, Hirai M .1989. Plant regeneration from isolated microspore cultures of Chinese cabbage (*Brassica campestris* spp. *tekinensis*) [J]. Plant Cell Reports, 8:486 -488.

Simmonds D H, Keller W A. 1999. Signifcance of preprophase bands of microtubules in the induction of microspore embryogenesis of *Brassica napus* [J]. Planta, 208: 383-391.

Sunderland N, Evans L J .1980. Multicellular Pollen Formation in Cultured Barley Anthers[J]. Journal of Experimental Botany, 31(2):501–514.

Szakács E, Barnabás B. 1988. Cytological aspects of in vitro androgenesis in wheat (*Triticum aestivum* L.) using fluorescent microscopy [J]. Sex Plant Reprod, 1:217–222.

Pulido A, Bakos F, Castillo A, et al .2005. Cytological and ultrastructural changes induced in anther and isolated-microspore cultures in barley: Fe deposits in isolated-microspore cultures [J]. J Struct Biol, 149:170–181.

Sunderland N, Wicks F M .1971. Embryoid formation in pollen grains of Nicotiana tabacum [J]. J Exp Bot, 22:213–226.

Sunderland N. 1974. Anther culture as a means of haploid induction[A]. In: Kasha K J (ed) Haploids in higher plants: advances and potential. The University of Guelph, Guelph.

Sunderland N, Evans L .1980. Multicellular pollen formation in cultured barley anthers II. The A, B, and C pathways [J]. J Exp Bot, 31:501–514.

Telmer C A, Newcomb W, Simmonds D H.1993.Microspore development in Brassica napus and the efect of high temperature on division in vivo and in vitro[J]. Protoplasma, 172:154–165.

Tran F, Penniket C, Patel R V, et al.2013. Developmental transcriptional profilingreveals key insights into Triticeae reproductive development [J]. Plant J. doi:10.1111/tpj.12206.

Wang M, van Bergen S ,van Duijn B. 2000.Insights into a key developmental switch and its importance for efficient plant breeding [J]. Plant Physiol, 124: 523–530.

Whittle C A, Malik M R, Li R, et al.2010. Comparative transcript analyses of the ovule, microspore, and mature pollen in *Brassica napus* [J]. Plant Mol Biol, 72:279–299.

Yuan S-X, Su Y-B, Liu Y-M, et al.2012. Effects of pH, MES, arabinogalactan-proteins on microspore cultures in white cabbage [J]. Plant Cell Tiss Organ Cult, 110:69–76.

Zaki M A M, Dickinson H G.1990.Structural changes during the first divisions of embryos resulting from anther and free microspore culture in *Brassica napus* [J]. Protoplasma, 156: 149–162.

Zhao J-P, Simmonds D S, Newcomb W.1996a. Induction of embryogenesis with colchicine instead of heat in microspores of *Brassica napus* L. cv. *Topas* [J]. Planta, 198: 433–439.

Zhao J-P, Simmonds D S, Newcomb W.1996b.High frequency production of doubled haploid plants of *Brassica napus* cv. *Topas* derived from colchicine-induced microspore embryogenesis without heat shock [J]. Plant Cell Rep, 15: 668–671.

（邓 英）

第十章

贵州大白菜杂交制种

第一节　大白菜杂交一代种子生产方法

大白菜杂交制种是杂种优势利用的一个重要环节，杂种优势利用是靠一代杂种实现的。大白菜属异花授粉作物，天然杂交率高，品种的遗传基础复杂，株间遗传组成不同，性状差异大。如果利用品种间杂交，则杂种一代性状很难达到整齐一致。为此，必须先进行亲本的纯化工作，选育出基因型纯合、性状优良、配合力高的亲本系，然后选配不同亲本系间一代杂种。由于大白菜的花器小，人工授粉杂交只能用于早期的组合选配，大量的生产用种需要自然杂交，而自然杂交需要有效的杂交制种技术途径和方法。目前，大白菜杂种优势育种利用的技术途径分别是利用自交系、自交不亲和系和雄性不育系。

一、利用自交系

十字花科蔬菜作物有优先接受异系花粉的习性。谭其猛在20世纪70年代末曾证实这一观点，并将自交受精慢于异交受精的特性称之为自交迟配性。张焕家等在20世纪80年代初期制种实践中也证实了这种现象。依据自交内的迟配性，可以直接用纯合的自交系制种或双亲之一为自交系制种。

利用自交系直接生产一代杂种虽然简便，但存在一定的局限性，它要求制种的双亲花期必须完全相遇，而且双亲植株的高矮和花粉量一致、蜜蜂充足、花期无长期阴雨等。由于品种间自交授粉程度的差异和个体间开花习性的差异，植株高度、花粉量的差异及环境气候的影响，均为系内自交创造了条件，这是用此方法制种杂交率往往偏低的原因。利用自交系大面积制种生产存在着风险，致使应用受到限制。随着自交不亲和系繁殖方法的改进和雄性不育系的广泛应用，利用自交系制种已经减少。

二、利用自交不亲和系

自 20 世纪 70 年代以来，在大白菜杂交种子生产中，自交不亲和系一直作为杂交制种的主要技术途径应用。如果杂交双亲都采用自交不亲和系最好选用正反交增产都显著且经济性状一致的杂交组合推广应用。田间制种时，一般将亲本隔行种植采种。如果一个亲本系的自交亲和指数较低，而另一个亲本系的亲和指数较高，则可按 2∶1 的行比，以增加亲和指数较低的亲本系的行数。还可采取自交不亲和系作母本，自交系作父本杂交制种法，易于组配出优良的杂交组合。因为只要选育出一个基因型的自交不亲和系作母本，从大量的自交系中选择经济性状好、花粉量较大、配合力高的父本系概率更高，因而较易育成优良杂交组合。安排制种时，父母本可按 1∶2 或 1∶3 的行比种植，最好在盛花期后拔除父本。

利用自交不亲和系配制杂交种有较多优点：自交不亲和性在大白菜中广泛存在，其遗传机理比较清楚，而且容易获得自交不亲和系；正反交杂交种子都可以使用，而且种子产量高。但是，利用自交不亲和系制种的难点是亲本系自身繁殖系数低，需要采取人工蕾期授粉，费工、费时，增加了种子的生产成本。同时，随着自交代数的增加，不可避免地会出现经济性状的退化和生活力下降。有些自交不亲和系用人工蕾期授粉结实率也很低，更增加了繁殖成本和亲本保存风险。张文邦等（1984）采用花期喷盐水法克服自交不亲和系性，收到了明显的效果，这一技术被我国育种界广泛采用。

三、利用雄性不育系

20 世纪 70 年代，我国曾采用雄性不育两用系制种。90 年代以来，我国在大白菜雄性不育系选育方面取得了重大进展，相继育成了大白菜核基因雄性不育系、大白菜核质互作雄性不育系以及大白菜细胞质雄性不育系。目前这三种雄性不育系均已应用于杂交制种生产。其中利用胞质雄性不育系是生产一代杂种最有效的途径。利用胞质雄性不育系配制一代杂种，只要将不育系和可育的父本系种植在同一隔离区内，从不育系上采收的种子全部是杂交种，从父本系上采收的种子仍然是父本。有的在制种时为了防止采收时弄错造成混杂，在母本开花末期即拔出父本系，只采收不育系上的杂交种。

90 年代末以来，贵州省着重开展了胞质雄性不育系的选育研究，育成了不同经济性状、不同熟期、不同品质等的不育株率和不育度为 100% 的细胞质雄性不育系。特别是近十年来又将不育系转育成许多优良的特晚耐抽薹雄性不育系，同时研究总结了特耐抽薹胞质雄性不育系配套制种技术，并已应用于大面积制种生产。

第二节　贵州生态条件下大白菜耐抽薹胞质雄性不育系杂交制种

杂交种的制种生产是杂种优势利用的一个重要环节。贵州近年来选育并通过审定的晚抽薹或特晚抽薹大白菜杂交一代品种，主要通过亲本繁殖和利用胞质雄性不育系大面积制种生产。大白菜胞质雄性不育系是具有 100% 不育株率和 100% 不育度的稳定系统，利用胞质雄性不育系配制一代杂种，只要将不育系和可育的父本系种植在同一隔离区，用胞质不育系作母本，用自交系作父本。利用天然蜜蜂授粉或人工放养蜜蜂使其授粉杂交，最后从不育系上采收的种子全部是杂交种，而且利用胞质雄性不育系制种可以获得 100% 的杂交种，并且亲本繁殖和配制一代杂种都比较方便。

杂种优势的利用只有生产出质量合格的种子后，才能在生产中加以推广应用。为保证种子质量和提高制种的单产水平，必须有好的隔离环境和相关的配套制种栽培技术措施和相应的环境要求。

一、制种和亲本繁殖隔离区的选择

选择和建立良好的隔离区，是大白菜制种和亲本繁殖的首要环节。隔离区的建立，不仅要考虑与其他十字花科作物的时、空隔离因素，还要从制种、繁殖的产量及经济效益出发，综合考虑环境气候、土壤、制种区的生产力水平以及管理等因素，建立良好的种子生产隔离区。

（一）隔离条件

为保证制种和亲本繁殖的种子质量，严防其他大白菜以及十字花科作物因风媒和虫媒而产生的生物学混杂，隔离区的选择首先要考虑的是隔离条件。大面积制种主要有空间隔离、地形与自然屏障隔离等，亲本繁殖的隔离方法可以采用大棚加网纱隔离，如果需要面积很大，也可以与制种相同选择隔离区繁殖。

1. 空间隔离

空间隔离是以安全的隔离距离作为隔离条件,在平原、大坝地区采用。经多年实践证明,大面积制种应与其他十字花科作物相隔距离在 1 000 m 以上,亲本繁殖的相隔距离应在 2 000 m 以上。

2. 地形与自然屏障隔离

在贵州利用山区的地形和自然屏障作为隔离,是适宜山区制种的一种较为理想和有效的隔离方式。经多年在不同地形和不同自然屏障隔离制种后纯度情况来年,适合隔离的地形以山凹和山顶为最好,山沟次之;自然屏障隔离也是以山隔离为最好,树林次之,河流没有隔离的效果(图 10-1,见文前彩插)。

(二)土壤条件

大白菜制种最好选择连续两年未种过十字花科蔬菜的中性土壤,土层深厚,土质疏松肥沃,能灌能排,中等以上肥力,富含磷、钾和硼的土壤,特别是要有一定的水源条件,有利于解决育苗和移栽的水源问题,满足大白菜生长发育需要,提高制种结实率。生产实践证明,土层浅薄、熟化程度差的沙地以及有机质和土壤营养含量低的黄泥地,大白菜生长发育和制种结实表现很差。

(三)环境条件

制种地村子周围的菜园地中常种植满足自身需要的白菜、萝卜、青菜等十字花科蔬菜,一定不能允许十字花科蔬菜开花;在大白菜开花前,就应集中力量彻底铲除白菜、萝卜、青菜等未收完的十字花科蔬菜,保证制种和繁殖地环境的清洁。

(四)生产发展因素

隔离区一般不宜选择在城镇周围,应当布局在具有一定交通便利条件的乡村。这是因为城镇周围一般蔬菜种植多,隔离区难以规划隔离;城镇周围农户经济收入来源相对较好,也影响制种在劳力和其他方面的投入。选择乡村作为制种隔离区,首先要具有一定的交通条件,以利物资和种子的运输及制种技术人员的指导和管理;要求制种区制种农户具有一定的耕作管理水平,能集中力量搞好制种工作。

(五)广泛进行技术培训,让农户掌握制种技术

技术培训工作在新的制种区尤为重要,且随着制种的发展,不断增加新

的内容，可利用空闲或晚上集中讲课培训，或田间现场操作示范，散发、张贴有关技术资料等多种形式进行，也可通过培训农民技术骨干和二传手，推动农民互教互学，使制种农户掌握有关制种技术。

二、杂交大白菜制种亲本的繁殖

杂交大白菜制种亲本的繁殖是杂交大白菜种子生产中的一个重要环节。制种亲本质量的好坏对确保杂交大白菜 F_1 种子的纯度与品质具有十分重要的作用。

（一）亲本原原种的繁殖与入库保存

1. 亲本原原种和原种的概念与繁育程序

亲本原原种又称育种家种子，它是育成并通过审定的杂交大白菜新品种由育种家经过严格亲本整理、提纯复壮，其亲本的种性、育性、品质，以及丰产性、抗病性、抗逆性、适应性等综合经济性状都符合原杂交大白菜新品种亲本的典型性状的高质量的亲本原原种。此亲本原原种由育种专家提供给种子生产部门继续繁殖，供制种生产使用。由于大白菜繁殖系数高，继续繁殖可分两步，第一步由亲本原原种（或叫亲本一级原原种）繁殖亲本二级原原种，第二步由亲本二级原原种繁殖制种生产所用的亲本原种。亲本原种只能直接用于制种生产，不能再继续用作亲本原种的繁殖之用。

2. 亲本一级原原种的繁殖与保存

由于亲本原原种要求的质量特高，对种子数量要求又不太多，繁殖由育种专家在育种基地的大棚或网室内进行。其繁殖方法：不育系一般采取与保持系栽植在一个隔离棚内进行单独隔离繁殖，从不育系上采收的不育系将来用作繁殖母本；保持系用量少时可用套袋自交，需要的种子量大时同样采取栽植在一个隔离棚内进行单独隔离繁殖，开花后通过蜜蜂或人工授粉自交。父本自交系同样采取栽植在一个隔离棚内进行单独隔离繁殖，开花后通过蜜蜂或人工授粉自交。具体操作技术：育种专家精心选择质量特好的亲本，通过培育壮苗进行适当稀植，生长期系统观察选取性状特优的植株挂牌，淘汰不良植株。成熟后分别收回，选择合格的种子作为亲本一级原原种。

亲本一级原原种的繁殖可一次完成，入库在低温、低湿干燥、密闭的条件下保存，种子含水量保持3%～6%，分年取样繁殖二级原原种。入库一级原原种的数量，不育系可控制在500 g，保持系控制在200 g左右即可。以每年取50 g不育系、20 g保持系繁殖二级亲本原原种计算，不育系的繁殖系数至少200～300倍，保持系的繁殖系数至少400～600倍。因此，一次分别入库的500 g不育系和200 g保持系种子，在保证种子寿命的情况下可连续用10年以上。

3.二级原原种和生产原种的繁殖

大白菜大面积制种对亲本的需要量较大，需要在一级原原种的基础上进行扩繁才能满足生产需要。

亲本原原种扩繁为二级原原种和生产原种的技术要点如下。

扩繁必须在严格的隔离条件下进行。亲本原种扩繁面积比制种面积小，要求条件比较严格，因此必须按本章第一节所述的要求进行严格的隔离。山区可利用四周有山的凹地或周围有树林的山顶等自然屏障，并保持隔离地段有足够的距离，平坝地区空间隔离距离应在2 000 m以上，如果繁殖面积小，可用网室或大棚进行隔离。

繁殖方法一般应用育苗移栽，田间加强肥、水管理，加大繁殖系数。具体育苗移栽田间管理同一般大白菜栽培相同。

在整个生育期间加强观察，反复进行田间去杂，去除异型株、病株、劣株、早花株及胞质不育材料中的可育株等，确保亲本的纯度。

（二）细胞质雄性不育系的繁殖

1.细胞质雄性不育系的繁殖原理

细胞质雄性不育系是一种具有单独的保持系的不育材料，本身100%的植株表现雄性不育，且不育度为100%，要靠保持系提供花粉受精结实完成后代繁衍，且下一代仍具有100%的不育性状；保持系是一种本身完全可育的常规材料。保持系、不育系两者除在育性上表现出差别外，其余性状基本一致。

2.细胞质雄性不育系的繁殖

不育系的繁殖是用保持系做父本，不育系做母本。父、母本行比按1 :（2～3）种植于隔离区或网纱大棚内，生育期内做好群体的去杂工作，花期进行人工辅助授粉或通过蜜蜂授粉。成熟后母本种子单收、单晒、单藏，即为不育系的种子；父本保持系上收的种子仍为保持系。

3.保持系的繁殖

保持系是一个全可育的常规材料，繁殖方法与一般常规良种的繁殖技术相同，必须严格隔离保纯。培育壮苗后种植于隔离区或网纱大棚内，生育期内做好群体的去杂工作，花期进行人工辅助授粉或通过蜜蜂授粉，成熟后种子单收、单晒、单藏，即为保持系的种子。

三、亲本原种的纯度鉴定

亲本原种的纯度鉴定主要是田间鉴定，将各级亲本原原种、原种种入田间，种植方法可以采用育苗移栽，也可采用直播不匀苗的形式，让个体充分发育，与原品种材料比较鉴定，包括株型、叶形、叶色、包心性、丰产性、抗病性、抗逆性等方面的亲本典型性状，考查异型株率及种子纯度，不育系在花期还要调查不育亲本的不育株率。

四、杂交大白菜制种的一般配套技术

（一）父、母本播期与播差期的选择

在贵州生态条件下，杂交大白菜制种主要采用半成株采种法，通过育苗移栽来进行。育苗移栽个体发育好，有利于在生育过程中田间去杂，保证制种质量。播种期于10月中下旬至11月上中旬播种育苗，具体移栽时间以秧苗有4～6叶，苗龄25～30 d移栽为好。

新的杂交一代种制种时，要对父、母本的播期及开花期进行试验，根据母本结实与产量进行比较研究。对于同期开花的父、母本在制种时就同期分别播种育苗；对于开花期不同的父、母本，在制种时抽薹开花晚的亲本应当适时提前播种育苗，使父、母本同期开花，有利于提高杂交结实率，才能获得较高的制种产量。因此，播种时注意按不同杂交组合的需要，安排好父、母本各自播种日期，以保证父、母本花期相遇。

（二）播种方法

先用喷壶提前将苗床及育苗盘浇透水，水渗下后即可播种。制种亲本科技含量高，价格昂贵，播种时务必精心在意。具体方法是，将种子分批倒入小碗内，人工用手摆粒，每个营养坨中心摆1～2粒，种子摆完后覆土1 cm。放置温度计，温度计从拱棚上方垂入，水银球面距地面3～5 cm。

（三）苗期管理

种苗出齐后到定植之前为苗期。10月播种育苗的一般在露地育苗即可。苗床的夜温，从出苗到定植将最低温度控制在0～10 ℃较好。育苗期间，温度太低生长太慢时，可加小拱棚覆盖农膜，太阳光强，温度过高时，可覆盖遮阳网。苗床的白天温度12～22 ℃较好，到达25 ℃，要及时通风降湿。高

温会造成种苗徒长，减少花芽分化，影响制种产量。定植时，以种苗有5～6片叶为好，宁小勿大。在苗床管理期间若种苗生长过大，可将白天温度降至10～15℃，在这段温度下，种苗生长缓慢，但发育正常，可以大量花芽分化，为高产制种打下基础。

水分管理一般来说在播种前底水灌足，不缺水时，不用浇水，到定植前5～6 d，可用喷壶打水，渗透营养坨，利于定植时取苗及定植后缓苗和生长发育。定植前不易浇水，防止散坨。

（四）父、母本的行比与密度

大白菜利用胞质雄不育系制种时，母本靠父本花粉授粉后产生杂交一代种子。因此，父母本的行比也是影响制种产量和质量的重要因素。

1.适宜的父、母本行比

经多年实践及研究看出，随着母本行比的增加，制种产量不断提高；靠近父本的母本株行由于接受父本花粉距离较近，其结实性较好，结实系数较高，杂种纯度及质量较好，相隔较远的株行，结实性和杂种质量相对较差。综合产量、质量和纯度考虑，不育系制种父、母本的行比以1:（3～4）为宜。

2.父、母本的栽植密度

胞质不育系制种时，父、母本的行比采用1:（3～4），移栽时父本行距可按2 m，株距30～40 cm，两行父本中间定植母本3～4行，母本移栽的密度为行距40～50 cm，株距35～40 cm；如果是小株型的品种，株距30～35 cm即可。

（五）制种的施肥技术

1.增施磷钾肥料，合理追肥

在肥料的施用技术上，本着增施磷钾肥、适当控制氮肥的原则施足底肥，一般腐熟农家肥3 000～5 000 kg，加施氮磷钾复合肥30～50 kg，或磷酸二铵10 kg＋硫酸钾10 kg作底肥。追肥着重抓好苗期和莲座期的施用，施用时间要早，其中提苗肥秧苗移栽成活后即可施提苗肥，以利于促进菜苗生长，莲座叶开展时，应施磷、钾肥为主的追肥，在春季开花前要搭好丰产的苗架。磷、钾肥的施用以配方复合肥为好，施用方式可用作底肥或在苗期结合培土，开行沟施。进入盛花期间，生枝、开花、结实同时进行，必要时可随水追施磷酸二铵10 kg。

2.重视硼肥施用，提高母本结实率

制种生产实践表明，硼肥是影响制种结实的关键因素之一。经调查，在其他栽培管理及菜苗群体长势基本相同的情况下，每667 m² 施硼砂 0.7 kg（其中底肥 0.5 kg，根外叶面喷施 0.2 kg），比完全不施硼肥的有效角率高35.8%，平均角粒数多 4.23 粒，每 667 m² 比不施硼肥的增产 39.7%，种子千粒重平均增加 0.12 g。缺硼将大大减少制种的产量及质量。

硼肥的施用方式，采取底肥（或追肥）和叶面喷施相结合的方法进行，底肥（或追肥）每 667 m² 用量为 500 g 左右，移栽时混合磷肥（或复合肥）撒施于栽植沟或穴内，也可在苗期结合追肥溶于清粪水中浇施。叶面追肥在菜苗抽薹前后进行，用 0.2% 硼砂水溶液叶面喷施两次。对于缺硼较重的田块，特别强调叶面喷施，以补偿底肥吸收量的不足。

（六）及时防治病虫害

大白菜种株主要受蚜虫、菜青虫、菜蛾、潜叶蝇、霜霉病、软腐病和黑斑病等危害。开花前期要彻底根除蚜虫及其他害虫。花期为保证昆虫传粉，提高杂交率，不喷施药剂。蚜虫是大白菜制种的主要害虫，严重时可以造成绝产。一般定植后 15 d 开始打药，每 5 d 打一次药，连续打 3～4 次，直到彻底防治蚜虫等害虫。此时蚜虫并不多，但若不彻底消灭，则极易在开花中后期造成严重的危害，甚至造成绝产。因此，无论是否发现蚜害，开花前必须打 3～4 次药防治蚜虫等害虫。若有蚜虫危害，可喷 50% 辟蚜雾可湿性粉剂 1 500～2 000 倍液防治。该药对防治蚜虫有特效，而且选择性极强，对天敌昆虫及蜜蜂等益虫无害，有助于田间的生态平衡。

在授粉期过后，当母本主要分枝顶部剩余 10 个左右花蕾时，母本虽继续开花，但已花而不实，可及时拔出父本。当父本拔除后，紧接着就要在全田打药，连续 3～4 次，彻底防治蚜虫、小菜蛾、菜螟等害虫及病害。

五、去杂去劣

制种生产过程中，除了隔离区和环境清理的好坏影响种子纯度外，所用亲本本身纯度或育苗移栽过程中造成的混杂，也影响种子的质量。为确保制种质量，在制种生产整个过程中，从苗床到本田都要严格进行去杂去劣工作。

（一）去除异型株

异型株就是典型性状与母本或父本不同的植株。它是在亲本繁殖过程中的机械或生物学混杂，以及育苗或移栽过程中由于自生的白菜或其他因素造成，其植株的典型性状（包括株型、叶形、叶色等）与制种亲本有明显的区别。拔除方法为逐块逐行检查，生育期中反复进行2~3次。

（二）拔除优势株、早花株、病株

优势株是亲本繁殖过程中生物学混杂造成的，植株表现比亲本的生长势强，个体明显比亲本大，在苗床和本田中都易发现。苗床起苗时，结合除去个体表现特大、性状又有差异的植株。本田去杂时，也将此类植株一并拔除；早花株是指现蕾开花明显早于亲本群体的少数植株；病株指感染了某些传染病害（如病毒病、霜霉病等）的植株。进行去杂时，一并彻底清除这些植株，同时注意拔除的植株不能放在田中间或田边，以免上面的花粉造成污染。

（三）拔除母本中的可育株

胞质不育系制种的母本，开花期均表现100%不育，开花时如发现母本中有可育株应当及时拔除，清理干净。

（四）隔年自生十字花科蔬菜的清理

在大白菜开花前，清理隔离区隔年自生的十字花科蔬菜是一个重要的环节，必须在制种地开花前通过中耕、拔除等手段清理干净，才能净化制种的环境，确保制种质量。

六、提高杂交大白菜制种母本结实率的技术

利用胞质不育系进行杂交大白菜制种是以收获母本上的杂交一代种子为目的，因此母本结实的好坏直接影响到制种产量的高低及制种经济效益。因此，应用提高母本结实率的技术，对于提高制种产量、质量有极其重要的意义。提高母本结实率的技术主要如下。

（一）花期辅助授粉提高制种母本的结实率

制种母本自身没有花粉，而父本花粉相距又较远，同时受环境和天气的影响较大。因此，通过采取一些辅助授粉技术来增强母本授粉的机会，能有效提高母本的结实率。

1.制种区放蜂增加母本授粉的机会

大白菜是一种蜜源作物，主要靠蜜蜂来传粉，不育亲本虽然没有花粉，但蜜腺发育正常，蜜蜂在父、母本采蜜过程中能帮助母本授粉。经试验表

明，放蜂区制种母本单株有效角成倍增加，角粒数明显增多，制种单产增加显著，一般可增产 30%～40%。

制种区放蜂，在放蜂前要清理干净环境，除了制种的亲本外，不能有其他十字花科作物开花；蜜蜂要放在制种中心区，与隔离区外环境有较大距离；一般 2～3 亩制种田应放一箱标准蜂箱；放蜂后制种区不能施用农药，以免毒死蜂群，终花前 3～5 d 及时将蜂群转出，以免蜜源不足蜂群活动混杂，同时可突击喷药防治病虫害。

2. 人工辅助授粉

贵州阴雨天多，在连续阴雨天气，蜜蜂活动受到影响，或在没有蜂群且地势荫蔽、风向和阳光不好的制种区，可选择无雨天气或短时晴好天气，在上午 9：00—10：00 以后进行人工辅助授粉。方法是用 4～5 m 长的竹竿，在竹竿上绑些细布条，沿种植行的垂直方向，来回在种株上轻轻扫动，或摇动父母本株行，使父本花粉落在母本花朵上，提高杂交结实率。但是这种方法在下雨天或温度不够、花粉不能散开时没有效果。

（二）适当的人工低温处理

贵州省近年来推广应用的特晚抽薹大白菜一代种，由于耐抽薹性强，从晚秋至初冬播种，越冬栽培，要到翌年的 3 月底至 4 月上旬才抽薹开花（贵州的正季大白菜品种一般在 2 月中下旬至 3 月上中旬抽薹开花），由于开花晚，花期正值高温干旱天气，极不利于大白菜的授粉及结实，因而制种产量很低，严重影响了种子产量、质量和大面积推广应用。经研究及实践证明，适当的人工低温处理，可使抽薹开花期提前，以利于授粉及结实。人工低温春化处理采种法，具体做法是首先将种子在冷水中浸泡 10 min，再放于 50～54 ℃温水中浸泡 30 min，再立即移入冷水中冷却。浸种完成后滤去水分，再用浓度为 0.5% 高锰酸钾溶液对种子浸泡 20 min 进行消毒，防止种子带菌。消毒后用清水洗去消毒液，进行催芽。催芽时把种子倒在浸湿的布上包好，置于 20～25 ℃下催芽，经 20～40 h 种子萌动后装入一尺见方的湿润纱布袋中，置（2±2）℃的冰箱中，将袋摊平，处理 25～30 d 后再播种育苗。经人工低温春化处理后，翌年春季大白菜可提前 10 d 左右抽薹，提前抽薹率可达 95% 以上，制种产量可提高 20%～30%。

七、适时收获

大白菜从授粉到种子成熟，一般需 30～40 d。果皮和种子共同构成了大白菜的果实，属于干果类型的长角果。果形细长，长度 3～6 cm。一个果荚中可着生种子 10～30 粒。果实成熟后，多数成熟的种子由纤维的种柄连接在胎座上，成熟的长角果易纵裂而使种子散落，所以，要注意及时收获种子。当有半数种角变黄时，即可在清晨露水干时趁早晨潮湿收获。收割后先在场上堆放 3～5 d，使种子进行后熟。后熟时要勤倒垛，以免受热发霉，影响色泽和发芽率。然后再晾晒脱粒，禁止在水泥场地上暴晒种子，以免影响种子发芽率。种子晾晒期间，去掉杂物，晾干扬净后装入干净袋子中，放在通风干燥的屋内贮藏。

种子在晾晒、脱粒、装袋、运输、贮藏等过程中，一定要严防机械混杂，并挂放标签，注明种子名称、采种年度、时间、制种单位、采种数量，并逐一将每一制种户种子取样存档，使收获的种子在纯度、净度、发芽率、含水量等方面达到种子质量标准。

第三节　大白菜杂种纯度的鉴定

杂种纯度是杂交一代种一项重要的质量指标。制种生产的杂交一代种，必须是经过纯度鉴定为合格的才能在生产中应用。

一、杂种纯度的概念

杂交一代种是指某一杂交大白菜品种的不育母本（含雄性不育系，或自交不亲和系等母本材料）与可育父本材料通过制种由父本的花粉授粉在不育母本的柱头上后所结的种子。杂交种种子在其商品种子中所占的百分率，就是这批商品杂交一代种子的杂种纯度。

二、真假杂种的识别

商品种中存在杂种纯度以外的部分种子称为假杂种或杂种。主要包括未杂交的原亲本种子、异品种或材料飞花的假杂种，收获、储运、包装过程中机械混杂的其他品种材料。这些种子种植后，在田间表现比较容易观察和区别的有异形株，较难鉴别的有自交不亲和系杂种中的亲本植株。

（一）异型株的识别

异型株是指植株的典型性状显著不同于杂交种植株，可从苗期（叶形、叶色、叶面、叶缘等）、莲座期、包心期和杂交种对比加以区别。因为同品种植株间也有变异。在鉴别时植株性状差别应有一定的尺度，不能过于严格。

（二）亲本株的识别

这里的亲本株主要指亲本植株自交不亲和系，这些材料除某些亲本有某些典型性状外，一般较难区别，需要对杂种双亲的性状表现充分熟悉和对其F1杂种田间植株详细的观察鉴别。

（三）早薹、早花株

抽薹开花是由于品种本身的熟性和播种的早或晚引起的。早薹、早花株是指现蕾开花明显早于亲本群体的少数植株，这种植株应当及时拔除。

三、杂种纯度的鉴定方法

（一）种植鉴定

1. 条播或穴播不匀苗鉴定

适用于细胞质不育杂交种中的不育株率的鉴定。其方法是在田间开行条播或穴播，出苗后不匀苗，苗期施用少量氮肥，开花后调查其不育株率。

2. 育苗移栽种植鉴定

对所需鉴定材料进行育苗移栽，每 667 m^2 栽植密度 5 000～6 000 株，按大田较高栽培水平管理，让个体性状充分发育。此种方法适合异型株和亲本植株鉴定，但需要熟悉杂交种和双亲本的特性。花期也可鉴定不育株，但工作量和所需土地面积相对较大。

3. 套袋自交鉴定

适用于鉴定自交不亲和系的真假杂种，因为自交不亲和系的杂交种结实性与自交不亲和系本身结实差异特大，通过套袋自交结实考查很容易区别。方法是在育苗移栽的基础上，花期随机选株套袋自交，终花后考查株间自交结实情况，根据考查确定亲本株和杂交株，计算杂种纯度。

（二）利用同工酶谱鉴定真、假杂种

不同品种材料的酶的谱系不完全相同，利用相应的仪器和药品先建立相应杂交种及其亲本的酶的标准谱系，再对所需鉴定的杂种逐粒进行相同的谱系分析，与标准谱系对照，即可鉴定种子是否是杂交种或是父本、母本和其他杂种。每个样品要求至少鉴定 200 粒以上来计算种子纯度。此方法的优点是能鉴定出田间难以鉴别的自交不亲和系杂种和混杂的父本种子，同时也不受播种季节的限制；缺点是成本高，效率低，不太适合制种农户的种子质量鉴定。

（三）夏季加代鉴定

利用贵州省西部高海拔地区如威宁、水城等地夏季较冷凉的气候条件，按种植鉴定的方法进行异地种植杂交种，可加速鉴定种子纯度。

由于夏季观察地的自然、气候生态条件与育种地和品种推广种植地均有很大差异，种植中可能会出现较大的差异性变化，在进行杂交种纯度鉴定时，不要以除育性或其他明显性状以外的其他性状（如株高、生育期等）做纯度鉴定的依据。

另外，夏季种植时可在杂种后代中对一些性状进行上、下代的比较研究，以找出它们的相关性，从而进行异地选择。

四、杂交种纯度的标准与计算

大白菜杂交种纯度执行 GB 16715.2—2010 标准，具体要求为纯度≥96.0%，净度≥98.0%，发芽率≥85.0%，水分含量≤7.0%。

杂种纯度采用下列公式计算：

$$杂种纯度（\%）= \frac{总株数 - 杂株数}{总株数} \times 100$$

公式中，总株数为鉴定样本总的株数或总粒数。

$$杂株数 = 异型株 + 可育的亲本株$$

参考文献

邵有全，苗如意. 1998. 蜜蜂授粉对大白菜自交不亲和系结实的影响 [J]. 山西农业科学（3）：67-69.

徐学忠，胡靖锋，杨红丽，等. 2014. 蜜蜂授粉在白菜自交不亲和系种子繁殖上的应用研究 [J]. 西南农业学报，27（4）：1641-1644.

赵利民，柯桂兰. 1991. 叶面喷硼对白菜采种效果的影响 [J]. 陕西农业科学（3）：27.

（赵大芹）

第十一章
贵州大白菜栽培技术

白菜类蔬菜特别是大白菜（结球白菜）是贵州人民最喜食的重要蔬菜，它的栽培面积大，遍及全省，春、夏、秋、冬均有栽培，据统计，2018 年贵州大白菜年种植面积 157 万亩次，总产量 287 万 t，总产值约 72 亿元。仅次于辣椒种植面积居全省第二位，但总产量位居第一，食量第一。它在贵州蔬菜周年供应上起着重要作用。

第一节　贵州大白菜生产中常用部分品种简介

贵州省农业科学院园艺研究所从 20 世纪 80 年代初开始进行杂种优势利用研究及杂交一代新品种的选育，先后选育出一批优良的杂交一代大白菜品种应用于生产，特别是近年来选育的抗寒耐抽薹杂交一代春大白菜品种在贵州有较大的种植面积，为解决贵州 3、4、5 月大白菜淡季市场发挥了重要作用。

兹将在贵州栽培面积较大的和有发展前景的结球大白菜优良品种介绍如下。

一、春季品种

贵州春季倒春寒严重，大白菜栽培中易发生先期抽薹现象，适合贵州春季栽培的大白菜品种，要求品种冬性强，不易抽薹，前期能耐一定低温，后期能耐一定高温。

1. 黔白 5 号

早熟一代杂种，秋播露地越冬栽培早春上市的生育期（播种至成熟天数）135 d 左右，春播定植后约 40 d 成熟；株型直立，外叶绿，叶面皱缩叶毛较少；叶球中桩合抱直筒形，球心浅黄；耐抽薹性强，抗三大病害。在冬春严寒条件下长势强，结球紧实，单株重 1.5 kg 左右，净菜产量 5 000 kg/667 m² 左右，风味佳，商品性好，综合性状优。

2. 黔白 8 号

中熟一代杂种，秋播露地越冬栽培早春上市的生育期 139 d 左右，早春育苗栽培，定植后约 50 d 成熟；株型直立较紧凑，外叶深绿，叶面皱褶明显；叶球中桩合抱直筒形，心叶浅绿；在冬春严寒条件下生长势强，结球紧实，产量约 5 000 kg/667 m²，抗病性好，抗霜霉病和软腐病，耐抽薹性强，商品性好，综合性状优。

3. 黔白 9 号

中晚熟一代杂种，秋播露地越冬栽培早春上市的生育期 145 d 左右，早春栽培定植后约 55 d 成熟；株型直立紧凑，外叶深绿，叶面皱缩，叶柄绿白；叶球矮桩合抱直筒形，心叶浅绿，叶帮比大，抗寒性好，在冬春严寒条件下长势好，结球紧实，产量约 5 000 kg/667 m²；抗病性好，冬性极强，冬春播种不易抽薹，商品性佳，综合性状优。

4. 黔白 10 号

早熟一代杂种，晚秋播露地越冬栽培生育期（播种至叶球成熟）大约 132 d，早春栽培定植后大约 45 d 成熟；株型中高、直立、紧凑，外叶绿，叶面皱褶明显；叶柄白绿；叶球中桩合抱直筒形，心叶黄绿；抗寒性强，在冬春严寒条件下生长迅速，包心早，结球紧实，产量约 5 000 kg/667 m²，抗病性好，耐抽薹性强，综合性状优。

5. 迟白 2 号

贵州省贵阳市白云区科研所选育品种。中桩，叶球合抱，包心稍松。叶片黄绿色，叶面微皱。平均单株重 1 kg 左右。生长期 65 d 左右，该品种冬性强，冬春播种不易抽薹。

6. 北京小杂 56

北京市蔬菜研究中心育成的一代杂种。开展度约 60 cm，株高 40～45 cm。外叶倒卵圆形，黄绿色，叶面微皱，叶缘微波状，叶柄白色。单株重 2.4 kg 左右，在贵州生长期 60 d 左右。平均产量 4 600 kg/667 m²。该品种冬性较强，春夏播种不易抽薹。

7. 强势

由韩国汉城种苗产业有限公司育成的一代杂种。外叶深绿色，内叶黄色，生长势强，整齐一致。球高 27 cm 左右，球径约 20 cm，叶球合抱，结球紧实。平均单球重 2.8 kg 左右。抗病性强，冬性较强，春播种不易抽薹。

8. 春大将

由日本米可多国际种苗公司育成一代杂种。该品种早熟，半直立，外叶深绿，生长势强，整齐度高，球径 20 cm 左右，球高约 26 cm，叶球合抱，结球紧实。平均单株重 2.6 kg，抗病性强，冬性较强，春播种不易抽薹。

9. 春夏王

韩国兴农种苗公司选育一代杂种。该品种中早熟，生长势强，结球较早，叶色深绿。叶球矮桩形，合抱，球高 25～30 cm，横径 14～18 cm，结球紧实，平均单株重 2.7 kg 左右。抗病强，在短时间低温和高温条件下结球良好，该品种冬性较强，春播种不易抽薹。

二、夏秋品种

适合夏秋栽培的大白菜品种，要求耐热、耐湿、抗病。

1. 兴滇 1 号

株型直立，叶色深绿，叶球合抱舒心，炮弹形，生长期 67～70 d，平均单球重 2.5 kg 左右。净菜率高，生长势强，整齐一致，耐热性强，较抗病毒病、霜霉病、白斑病。

2. 兴滇 2 号

株型直立，叶色浅绿，叶球合抱舒心，炮弹形，生长期约 70 d，平均单球重 3 kg 左右。净菜率高，生长势强，整齐一致，耐热性强，抗病毒病、霜霉病、耐黑斑病。

3. 高抗王-2

叶色深绿，叶球舒心，炮弹形，生长期约 65 d，平均单球重 3 kg 左右，净菜率高，生长势强，整齐一致，耐热性强，抗病毒病、霜霉病、白斑病。

4. 夏秋王

叶色绿，叶球叠抱，结球紧实，生长期约 75 d，平均单球重 3 kg 左右，生长势强，净菜率高，整齐一致，抗热性强，抗霜霉病、软腐病、黑斑病。

5. 黔白 6 号

早熟一代种，夏季或夏秋栽培，播种后 60 d 左右成熟；株高 40 cm，开展度 43 cm，株型紧凑直立；外叶深绿，球叶浅绿色，叶面稍皱；耐热性好，夏季高温条件下栽培结球紧实，叶球中桩直筒形，抗病性强，亩产商品菜 6 000 kg 左右，风味佳，商品性好。

6. 黔白 7 号

早熟一代种，夏季或夏秋栽培，播种后 65 d 左右成熟；株高 37 cm，开展 47 cm；耐热性好，夏季高温条件下栽培结球紧实，结球率高，净菜率高，叶球倒卵形，中桩，叶帮比 0.9 852，商品率高，抗病性强，品质优。

7. 黔白 1 号

贵州省农业科学院园艺研究所育成的中熟一代杂种。外叶深绿，植株直立，叶球合抱高筒形，品质佳。生育期 80 d 左右，净菜率高，叶帮比较大，生长势强，整齐一致，产量 5 000 kg/667 m²，抗霜霉病、软腐病。

8. 早熟 5 号

浙江省农业科学院园艺研究所育成的一代杂种。半直立性，叶球稍叠抱，叶球白色，株高 30 cm，开展度 45 cm，生长期 55 d 左右，早熟，耐热，适应性强，抗病毒病、炭疽病，品质佳。

9. 黔白 4 号

早熟耐热杂交种，生育期 60 d。外叶深绿，叶面皱缩，叶球矮中桩。品质佳，净菜产量 5 100 kg/667 m² 左右。抗霜霉病、黑斑病。

10. 鲁白 6 号

山东省农业科学院育成一代杂种。叶色淡绿，白帮，叶球叠抱，白色，平头倒卵形，净菜率较高。生长期 65 d 左右，耐热，抗病毒病、软腐病。品质中上等。

11. 明月

台湾农友种苗公司育成的一代杂种。株型中等大小，叶球长圆形，单球重 1.0 kg 左右，中早熟，叶片稍尖，叶面稍皱，叶背面有茸毛。耐热，抗软腐病。

三、秋冬季品种

贵州冬季栽培的品种要求丰产、优质、抗病。

1. 津秋 1 号

天津市蔬菜研究所育成的一代杂种。高桩直筒，植株直立，紧凑。叶色深绿，外叶少，高桩直筒，叶球球顶花心，叶纹适中，生长期 75～80 d，品质佳，抗霜霉病，软腐病。

2. 北京新 3 号

北京市农林科学院蔬菜研究中心育成的一代杂种。叶色深绿，外叶少，叶面稍皱，叶柄绿色，株型半直立，紧凑。叶球中桩叠抱，结球速度快，紧实。生长期 78～83 d。品质佳，耐霜霉病、软腐病。

3. 城青 2 号

浙江省农业科学院园艺研究所育成一代杂种。叶色淡绿，叶球矮桩，叠抱，结球紧实，平均单球重 3.2 kg 左右。生长期 90 d 左右。抗霜霉病、毒素病，品质佳。

4. 黔白 2 号

中早熟一代杂种，生育期 75 d 左右。外叶深绿，叶面皱缩。叶球高桩叠抱。叶帮比大，包心早，结球紧实，品质好，产量 4 500～5 000 kg/667 m²，抗性较强。

5. 黔白 3 号

中早熟一代杂种，生育期 75 d 左右。外叶深绿，叶面皱缩，叶球合抱，炮弹形，每 667m² 产 5 000 kg 左右，抗性较强。

6. 晋菜 3 号

山西省农业科学院蔬菜研究所育成杂交一代种。外叶深绿，叶柄浅绿，植株直立，紧凑。叶球为直筒拧心形，净菜率高。生长期 80 d 左右，平均单球重 2.8 kg。适应性广，抗霜霉病、软腐病、黑斑病。

7. 秋绿 60

叶球直筒形，外叶深绿有皱纹，叶柄绿色扁平，纤维少，球顶花心，株高 35～40 cm，生育期 60 d 左右，生长快速，高抗软腐病、霜霉病及烂根病。

8. 中白 81

中国农业科学院蔬菜花卉研究所的选育的一代杂种。外叶深绿色，植株直立，叶球高桩叠抱，生长期 80 d 左右。结球紧实，平均单球重 2.8 kg，品质好，较耐运输。抗病毒病、软腐病和黑腐病。

9. 晋青 70

山西省农业科学院蔬菜研究所选育的一代杂种。外叶深绿色，叶柄绿色，植株直立，叶球高桩合抱，生长期约 75 d，平均单球重 2.5 kg 左右。生长势强，整齐一致，抗霜霉病、黑斑病、白斑病。

10. 新早 49

河南新乡市农业科学院选育的一代杂种。叶色绿，植株较矮，叶球合抱，平均单球量 1.3 kg。生长期约 70 d，整齐一致，抗白斑病、黑斑病。

11. 云 3

青岛国际种苗有限公司选育的一代杂种。植株较矮，叶球合抱，球顶尖，卵圆形，外叶绿色，心叶浅绿色，叶柄白色，整齐一致，抗白斑病、黑斑病。

第二节　贵州大白菜秋冬正季栽培技术

大白菜在贵州各地普遍种植，2017 年种植面积约 215 万亩，以秋冬正季栽培为主，一般 8 月上旬至 9 月中旬播种，11 月初至翌年 2 月上旬收获。贵州正季大白菜年种植面积 90 万亩左右，占贵州秋冬蔬菜播种面积的 50%左右。

一、栽培方式

贵州正季大白菜的栽培方式分为育苗移栽和直播两种类型，直播的优点可以比育苗移栽的适当晚播种，因不移栽没有缓苗期，又因损伤少，生长前期病害轻些。但前作必须即时腾地，否则影响播种期。移栽的优点是节约种子，幼苗期占地少，集中管理，利于培育壮苗，特别是在贵州伏旱较严重的地区，可以在苗床小面积上进行管理，避开伏旱期后移栽，从而确保白菜的生长期和正常生长。

二、整地、开厢、施基肥

（一）整地

因白菜根系浅，对土壤水分和养分要求较高，创造适宜于根系生长的土壤条件十分重要。在前茬作物收获后，要即时清除杂草、残枝、破碎地膜、瓦块、石头等杂物。进行深耕晒地，耕地深度为 20 cm 左右，以促进土壤风化和消灭病菌虫卵。开厢前再耕耙一次，使土壤细碎、疏松，地面平整，肥力均匀。

（二）开厢

贵州大部分地区都采用高厢栽培，其优点是可以加深耕层，促进根系发育；适于引水自流灌溉，使土壤水分充足，同时可以避免因洪水造成的土壤板结和潮湿现象，同时雨水多时，可以即时排除，有利于通风，减轻病害的发生和危害。厢高及厢宽因土壤的性质及条件而定。一般用土种植的，厢高 10 cm 左右，厢宽 100～180 cm，种植 3～5 行；用田种植的，厢高 16～20 cm，厢宽 70～100 cm，种植 2～3 行。厢长要根据地势而定，一般以 7～9 m 为宜。

（三）施基肥

有机质可促进根系发育和生长，提高抗性，大白菜需要肥效持久的厩肥、堆肥等有机肥与化肥混合作底肥。特别是土层较浅或以水稻为前作的田块，更应增施有机肥，可以改善土壤结构和土壤肥力。底肥的用量可根据前作物的种类、土壤肥力及肥料质量而定。据笔者在威宁县大白菜丰产田块的调查，要获得 10 000 kg/667 m² 的毛菜，每 667 m² 需施质量较好的有机肥 3 300 kg，混合复合肥 50 kg，进行条施。

三、播种

（一）确定适宜的播种期

适时播种是大白菜高产、优质的重要措施之一。提早播种虽然可以延长大白菜的生长期，但易发病和早衰，影响产量和品质。延晚播种，可以减少病虫害为害，但包心不紧，产量降低。贵州正季大白菜适宜的播种期为 8 月初至 9 月中旬。

（二）保证全苗、壮苗

要选用籽粒饱满、发芽率高、发芽势强的种子，才能出苗整齐，播种前进行种子处理：用 50～55 ℃温水浸种 30 min，晾干后播种，或用种子重量的 0.3%～0.4% 福美双或多菌灵等药剂拌种后再播种。可杀死种子表面的病菌。

（三）播种方法

大白菜可以育苗移栽，也可以直播。直播不经过缓苗期，植株生长快，包心好；同时也不会因移栽损伤根系和叶片，可以减轻软腐病菌侵染的机会；根系生长发育较好，因此，直播比移栽的产量要高些。但前作收获晚，影响大白菜适期播种时就要用育苗移栽，育苗优点可在苗时集中管理，有利于病虫害防治。要因地制宜采用直播或育苗移栽。

1. 直播法

直播有窝播和条播两种。窝播的每窝播种子 10 粒左右，每亩播种量约 130 g，条播是按预定行距在中央划 0.8 cm 深的浅沟，种子均匀播在沟内，每亩播种量约 180 g。贵州大白菜播种期，正值伏旱，而且阳光较强烈，土表易干燥，为确保种子萌发，幼苗及时出土，播种后应淋水。及时间苗、定苗，防止幼苗拥挤，保证幼苗健壮生长。间苗一般两次，第一次在拉十字时淘汰劣苗、杂苗、病苗，留苗距离 6～9 cm。幼苗 4～5 片真叶时第二次间苗，选留生长健壮具有本品种特征的幼苗，留苗距离 13 cm 左右，到团棵阶段，按预定的株距定苗。间苗后要及时浇水。

2. 育苗法

选土壤肥力中等，结构良好，通风好，离水源近，四年内没有种过十字花科蔬菜的地方做苗床。耕翻晒地，并施入腐熟的有机肥，加入适量的过磷酸钙、草木灰、浅耕耙开，做成长 6～9 m，宽 1～1.3 m，高约 13 cm 的苗床。育苗移栽的播种期一般要比直播的早几天。栽植 1 亩地播种量需 40 g 左右。播种后要充分淋水，使土壤湿透，种子露出的地方再补盖泥土。水分充足，3 d 可整齐出苗，如水分不足，出苗不整齐时，再淋一次水。出苗后进行 2～3 次间苗，注意防止幼苗徒长。在幼苗生长过程中，根据具体情况及时进行淋水、追肥和病虫害防治，促使幼苗健壮生长。幼苗在 4～5 片叶时定植为宜。

四、合理密植

合理密植是大白菜增产的重要环节。大白菜产量构成是由单位面积的株数、单株重量和商品率高低决定的。种植过密，单位面积株数虽多，但单株重量却轻，商品率也低，且通风透光差，病虫害加重，既影响产量，品质也下降。而种植过稀，单株产量虽高，但总产量却不高。大白菜合理密度应具有如下特征：在大白菜莲座期末时可封严地面，单株商品质量达到一、二级商品出售标准。密度大小应与品种特征、种植方式、土壤肥力、当地水源情况等结合考虑。在贵州，用田种植大白菜的大型品种一般沟宽 36 cm，厢面宽 113～119 cm，在厢面种植白菜 3 行，行距 40～43 cm，株距 40～43 cm，每 667 m^2 可栽 3 200～3 500 株。中、小型品种及直立形品种一般厢面宽 100～106 cm，厢面种植 3 行，行距 33～37 cm，株距 33～37 cm，每 667 m^2 可栽 3 600～4 000 株。用土种植大白菜的：大型品种一般沟宽 34 cm，厢面宽 153～193 cm，厢面种植 4～5 行，行距 40 cm，株距 40 cm，每 667 m^2 可栽 3 600～3 800 株。小型品种及直立形品种，一般厢面宽 133～166 cm，厢面种植 4～5 行，行距 33 cm，株距 33 cm，每 667 m^2 可栽 4 200～4 700 株。贵州大白菜主产区威宁县，海拔 1 900～2 400 m，全部用土种植大白菜，大型品种，厢面宽 233 cm，种植 6 行，行株距均为 40 cm，每 667 m^2 种植 4 200 株左右，每 667 m^2 产量 8 000～9 500 kg。小型及直立形品种，厢面宽 199 cm，种植 6 行，行株距均为 33 cm，每 667 m^2 种植 4 600 株左右，亩产量一般 6 500～8 000 kg。

五、田间管理

（一）中耕除草

露地栽培的要进行中耕除草。一般直播的定苗后，移栽的在定植成活后进行，同时清除杂草。这时中耕应浅，一般以锄破表土为度，防止中耕伤根导致软腐病菌侵入。之后浇清淡腐熟清粪水或沼液或低浓度尿素提苗。稻田用深沟高厢种植的，需锄松沟底和厢面两侧，并将所锄松土，培于厢面或厢两侧，以利厢沟畅通，便于排水灌水。

（二）肥水管理

肥水管理是大白菜丰产的关键，灌溉和追肥要结合进行。

1. 大白菜不同生长时期，根系及叶片生长动态

大白菜在拉十字前，还没有形成根群，根的吸收力弱。团棵时期，根的横向生长大大超过纵向生长。莲座期到包心时，主根仅向下延伸少许，土面下 7～30 cm 发生密集的侧根和分根，分布直径扩展达 90 cm 左右，在包心时达最大限度，直径达 120 cm，在接近土面处发生大量新根。结球中期和末期，根系无明显的生长。从幼苗生长情况看，幼苗期是外叶第 8～10 个叶片发育的高峰期，莲座期是外叶 10～20 个叶片发育的高峰期，球叶的 1～15 个叶片在这时期形成，结球始期是最大外叶和球叶 1～5 片叶发生的高峰期，中期以后才生长第 10～15 片球叶。莲座期是产量形成的重要时期，结球始期和中期是产量形成的决定性阶段。大白菜叶片生长量从莲座期至结球中期迅速增长，达到最高峰。

2. 大白菜对养分的吸收情况

大白菜不同生长时期，对氮、磷、钾三要素吸收比例不同，大体上是结球期以前，吸收氮最多，钾次之，磷最少。结球以后，对氮钾吸收较多，而对钾的吸收超过氮，对磷的吸收量虽有增加，但还是比较少。对氮、磷、钾的吸收量随植株的增长逐渐增加，幼苗期很少，莲座期时为 10% 左右，结球期为 89% 左右，结球期又以结球中期吸收量最大。

3. 大白菜不同生长期的肥水管理

（1）幼苗期：大白菜幼苗期对肥水需要量较少，但因根系不发达，吸水吸肥能力弱，加上底肥施得较深，幼根还不能及时吸收利用，在贵州大部分地区正处于秋季高温季节，常常发生伏旱，所以要给予足够水分促进根系生

长，并可降低地温，防止毒素病发生。定苗或移栽成活后施一次腐熟的清淡粪水或沼液，或低浓度尿素进行提苗。

（2）莲座期：莲座期是大白菜根系大量发生，叶片迅速增长时期，加强肥水管理，促进植株健壮、旺盛生长，也可增强抗病力，一般在雨后或结合浇水 667 m² 施尿素 15 kg。

（3）结球期：结球期根系及叶片生长量最大，这时期需要大量肥水，如供应不足，结球不紧，大大影响产量和品质。这时期除氮肥施用外，还应重视磷、钾肥施用。钾可以促进养分制造、运输、积累，促进叶球充实，磷可以促进细胞分裂增长。一般开始包心时，每 667 m² 结合浇水追施复合肥约 18 kg，结球中期结合浇水每 667 m² 施尿素约 10 kg 或硫酸铵 14 kg。结球前期、中期，叶面喷施 2 次 0.2% 的磷酸二氢钾。在收获前 10 d 停止浇水，以免叶球水分过多，不耐运输。

（三）病虫害防治

搞好病虫害防治是大白菜生产关键技术措施，必须坚持以预防为主，防治结合，加强病虫害的综合防治。

重视农业技术措施：

因地制宜选用抗（耐）病虫的优良品种，选留无病种株。

实行合理的轮作和间套作。如白菜与葱蒜类蔬菜间套作，可以减少害虫种群数量。

培育无病虫壮苗。苗床进行消毒。采用温汤浸种，用 50 ℃温水浸种 15 min，再用 0.1% 高锰酸钾浸种 30～40 min，用清水洗净后播种；或用种子重量 0.3% 的 50% 福美双，或用 25% 瑞毒霉，或用 75% 百菌清拌种，可消灭种子表面的病菌和病毒。

精耕细作，培肥土壤；深沟高厢栽培，雨后及时排水，防止田间积水；合理密植，改善通风透光条件，使白菜植株生长健壮。

科学施肥，禁止使用城市垃圾和未经腐熟的农家肥。施足农家肥，适当增施磷钾肥，生长期及时淋水，追肥，增强植株的抗病性。尽量减少因田间操作造成的伤口，可有效地防止软腐病和黑腐病等细菌病害的侵染。

利用害虫趋避性，驱赶或诱杀害虫。用黄板诱杀蚜虫，采用银色反光塑料薄膜避蚜虫，利用性诱剂或太阳能杀虫灯或频振式杀虫灯诱杀夜蛾科、螟蛾科害虫的成虫，如小菜蛾、菜螟、斜纹夜蛾、甜菜夜蛾、甘蓝夜蛾、黄曲条跳甲等，可以大大减少幼虫发生基数。

搞好田园清洁，苗期及时拔除病虫苗、弱苗；生长期清理菜地，及时拔除病株、清除病叶、果、黄叶并集中销毁，及时中耕除草；收获后及时清洁田园，深翻土壤，均可减少病虫害基数。

在采用以上农业综合措施的同时，适时进行药剂防治，就可大大减轻病虫为害。

1．主要病害防治

（1）霜霉病：主要为害大白菜、白菜、萝卜、甘蓝、花菜、黄瓜、芹菜等蔬菜，贵州各地普遍发生，为害很严重，在低、中海拔地区可周年发生。主要为害叶片、花梗，种荚也会受害。

症状：受害叶片初呈淡绿色，逐渐变为黄色至黄褐色，受叶脉限制形成多角形或不规则形病斑，在病叶背面长出白色霜状霉层，在雾后、雨后，及早上露水未干时最易见到。发病严重时，叶片变黄干枯，外叶全部枯死。

发病条件：该病是真菌病害。病菌在病残体和土壤中越冬，也可在种株上越冬，翌年通过气流、风、雨传播。高湿有利发病；发病最适温度为14～20 ℃，相对湿度90%以上。多雨、多雾、多露，光照不足时病害易流行。此外连作，密度过大，通风不良，低洼地排水不好，生长衰弱时发病也重。

药剂防治：发病初期及时用58%瑞毒霉锰锌可湿性粉剂500倍液，或用72%克露可湿性粉剂750倍液，或用40%乙磷铝300倍液，或用25%甲霜灵800倍液，或用72.2%霜霉威（普力克）水剂600～800倍液等。用上述药液交替使用，每隔7～10 d喷药一次，连喷2～3次。在霜霉病、白斑病、黑斑病混发地区，可选用60%乙磷铝·多菌灵可湿性粉剂600倍液。

（2）软腐病：在贵州普遍发生，在大白菜、白菜、甘蓝、萝卜、芹菜等蔬菜上发病较重。

症状：该病为细菌性病害，由细菌侵染发病。大白菜从莲座期到采收期前均可发生，多发生在包心期。依病菌侵染部位不同，表现出不同症状。从根部伤口侵入，造成根颈和叶柄基部腐烂，外叶萎蔫脱落以至全株死亡；病菌从叶缘或叶球顶部伤口侵入，引起腐烂，干燥情况下，腐烂的叶片失水变干，呈薄纸状；病菌从叶柄基部或短缩茎伤口侵入，产生水渍状病斑，由外向内扩展为淡褐色软腐。软腐病发病初期，外叶萎蔫，早晚还能恢复正常，病情发展后，外叶下垂，叶球裸露，基部腐烂，病烂处散发出恶臭味。

发病条件：带菌的种株、田间病株、土壤、病残体是本病的初侵染源。病菌主要通过机械损伤伤口、昆虫咬伤的伤口处侵入，通过雨水、昆虫、灌溉水及带菌的肥料传播。病菌生长发育最适温度为25～30 ℃，pH值为5.3～9.2均可生长，最适pH值为7.2。大白菜结球期高温多雨，光照不良，植株伤口过多，连作，地表积水，管理粗放时发生严重。

药剂防治：发病初期，喷洒47%加瑞农可湿性粉剂600～800倍液，或用58.3%可杀得悬浮剂1 000倍液，或用20%龙克菌悬浮剂500倍液，或用50%代森铵水剂600～800倍液。以上药剂交替使用，每隔7～10 d一次，连续2～3次。及时拔除中心病株，用生石灰进行土壤消毒。

（3）病毒病：又称毒素病，主要毒源芜菁花叶病毒、黄瓜花叶病毒、烟草花叶病毒，此外还有萝卜花叶病毒。大白菜的整个生长期均可受害。苗期最易感病。

症状：受害心叶叶脉失绿，有的呈现黄绿相间的斑驳或花叶，病叶皱缩，皮硬而脆，叶背主脉上生褐色稍凹陷坏死条斑，植株畸形，矮化，结球松散，严重的不能结球。开花期发病则抽薹迟，影响正常开花结实。

发病条件：病毒在田间十字花科蔬菜，留种株，田间杂草上越冬或寄生。主要由蚜虫传播或接触传播。高温干旱条件下，蚜虫大量发生，毒源多，菜地管理粗放，或土壤干燥，缺水，缺肥时发病严重。

药剂防治：发病初期，喷洒20%吗啉胍·乙铜（病毒克星）可湿性粉剂500倍液，或用1.5%植病灵1 000倍液，或用20%病毒A可湿性粉剂600倍液等。隔7～10 d一次，连续防治2～3次。苗期温度较高，贵州常有伏旱发生，是病毒病易感染时期，应及时喷药防治蚜虫，消灭病毒的传播源。

（4）黑斑病：属半知菌类真菌。在贵州流行年份可造成减产20%左右。也是大白菜生产上重要病害之一，十字花科蔬菜都可能受害。

症状：幼苗和成株均可受害。主要为害叶片、叶柄，也为害花梗和种荚。受害叶片产生近圆形的暗褐色病斑，具有明显的同心轮纹。外围有黄色晕圈，扩大后稍凹陷，潮湿时表面长有黑霉。干燥条件下常引起病部叶片穿孔。严重时，多个病斑汇合，使叶片干枯。一般由外叶向上、向内蔓延。叶柄上病斑呈梭形，暗褐色，稍凹陷，具轮纹。种株上症状也是梭形、暗褐色，严重时种荚瘦小并污染种子。

发病条件：病菌以菌丝体和分生孢子附着在病残株和种子上越冬。第二年通过风和雨水传播，由叶片气孔或表皮直接侵入为害。田间发病最适温度为12～15 ℃，相对湿度80%以上。连续阴雨，低温、高湿、多雾天气时发病严重。

药剂防治：发病初期，喷洒 64% 恶霜·锰锌（杀毒矾）可湿性粉剂 500 倍液，或用 75% 代森锰锌可湿性粉剂 500 倍液，或用 75% 百菌清可湿性粉剂 500～600 倍液，或用 70% 甲基托布津可湿性粉剂 800～1 000 倍液，或用 50% 福·异菌（灭霉灵）可湿性粉剂 800 倍液。隔 7 d 左右喷一次，连续防治 3～4 次。

（5）白斑病：属半知菌类真菌，是贵州大白菜生产中重要病害之一。十字花科蔬菜都可能受害。

症状：幼苗和成株均可受害。病叶当初产生灰褐色细小斑点，后扩大为浅灰色至白色近圆形或卵圆形病斑。湿度大时，病斑上产生淡灰色霉状物。后期病斑变薄变白，呈半透明状，易破裂穿孔，似火烤状态。严重时，病斑联合成大片，致使叶片干枯。一般外层叶先发生，再向上、向内蔓延。

发病条件：病原菌主要附着在地表的病叶或种子上越冬，翌年借气流或雨水传播，由叶片气孔侵入。田间发病最适温度为 11～18 ℃，相对湿度 80% 以上。低温、高湿时发病严重。

药剂防治：参见大白菜黑斑病。

（6）炭疽病：属真菌病害。该病主要为害白菜、萝卜、甘蓝等蔬菜。

症状：大白菜幼苗期及成株期均可发生，以成株期受害最重。主要为害叶片、叶柄及叶脉，有时也为害花梗和种荚。当初发病是在近地面的叶片上出现褪绿的水浸状小斑点，后逐渐扩大为圆形或近圆形褐色病斑，病斑外有一层黄晕，呈同心轮纹，中部稍凹陷。后期病斑中央变成灰白色至白色，变薄呈半透明，易穿孔。严重时病斑汇合成大片，致使叶片干枯。潮湿时，病斑上出现淡红色黏液。

发病条件：病菌随病残株在土壤或在种子上越冬，第二年通过雨水或昆虫传播，主要从植株伤口侵入。田间发病最适温度为 20～25 ℃。高温暴雨后骤然转晴，土壤黏重，排水不好，植株过密，通风较差，病害发生严重。

药剂防治：发病初期用 80% 炭疽福美 500 倍液，或用 50% 百菌清可湿性粉剂 500 倍液，或用 50% 多菌灵 600 倍液，或用 75% 甲基托布津可湿性粉剂 600～700 倍液，交替使用，每隔 5～7 d 喷药一次，连续 2～3 次。

（7）根肿病：属真菌病害。贵州近年来，十字花科蔬菜受害面积逐渐增多，有的地区白菜及萝卜用稻田种植的，特别是油菜为前作的为害较重，造成严重减产。

症状：幼苗及成株均可受害。初期生长缓慢，植株矮小，基部叶片开始发黄，严重时植株枯死。病株主根和侧根出现肿瘤，肿瘤一般为纺锤形、手指形、不规则形等，大小不等。主根上的瘤个大而数量较少，侧根上的瘤个小而数目较多，初期瘤面较光滑，后期瘤面较粗糙、龟裂。

发病条件：病菌以休眠孢子在土壤中，病残株或未腐熟的肥料中越冬，越夏，病菌通过雨水、灌溉水、害虫及农事操作传播。田间发病适宜温度为18～25 ℃，高过 30 ℃则不发病。土壤相对湿度 50%～98% 时均可发病，最适宜的土壤相对湿度为 70%～90%。根肿病菌适应酸性环境条件，土壤 pH 值为 5.3～6.5 时，容易发病。长期种植水稻的田块，土壤偏酸性，则发病严重；黏性过重，有机质少的土壤发病也较重。

药剂防治：播种或移栽前用 40% 五氯硝基苯粉剂 2～3 kg/ 667 m²，拌细土沟施畦面。田间发病时，用 50% 的多菌灵可湿性粉剂 500 倍液或 50% 托布津可湿性粉剂 500 倍液浇根。偏酸的土壤，播种或移栽前施石灰调节成微碱性。

（8）黑腐病：该病为细菌性病害，由细菌侵染致病。

症状：幼苗期到结球期均可发病，幼苗染病后，子叶呈水浸状，迅速蔓延，最后心叶萎蔫干枯死亡。成株发病，病斑多从叶缘开始发病，形成"V"字形黄褐色枯斑，病斑周围淡黄色。叶脉坏死变黑。被害部干腐，叶片歪扭，部分发黄。与软腐病并发时，易加速病情发展，使茎或茎基部腐烂，严重时植株萎蔫，不能恢复。

发病条件：病原菌随种子、病残体在土壤中越冬，第二年通过病株、肥料、风、雨、农具等进行传播，从幼苗或真叶或成株的叶缘伤口入侵，引起发病。发病适温为 25～30 ℃。高温高湿有利于发病。在连作、播种过早、虫害严重、机械伤口多、农家肥未充分腐熟等条件下发病严重。

药剂防治：发病初期用 77% 可杀得可湿性粉剂 1 000 倍液，或用 50% 福美双 500 倍液，或用 58.3% 可杀得悬浮液 1 000 倍液，或用 50% 代森铵水剂 600～800 倍液。每隔 7～10 d 喷一次，连续喷 2～3 次。

（9）菌核病：属真菌性病害，危害十字花科作物、莴笋、黄瓜、四季豆等蔬菜，以大白菜、甘蓝受害较重。

症状：菌核病从大白菜幼苗期到开花结荚期均可发生，但以生长后期和留种株采种期危害最重。成株受害，近地表茎、叶柄及叶片上出现水渍状淡褐色病斑。引起叶球或茎基部腐烂。留种株多从基部老叶及叶柄处发病，以后蔓延到茎部。也有从根部先发病，再蔓延到茎部的。病株茎上产生浅褐色凹陷病斑，后转为白色，最后使皮层腐烂成纤维乱麻状，茎中空，产生黑色鼠状菌核。种荚也受到危害。潮湿环境中病部迅速蔓延，产生白色棉絮状菌丝体和黑色鼠粪状菌核。

发病条件：病菌以菌核在土壤中或种子、留种株上越冬或越夏，病菌随风、雨传播，从伤口或花瓣、老叶侵入。菌核在 0～30 ℃条件下都能生长，适宜温度为 20 ℃，在 50 ℃的温水中 5～10 min 即死亡。空气相对湿度在 85% 以上时有利于发病。但在长期积水的土壤中菌核会死亡，故水旱轮作地发病轻。

药剂防治：发病初期用 50% 百菌清可湿性粉剂 500 倍液，或用 50% 腐霉利（速克灵）可湿性粉剂 1 500 倍液，或用 50% 异菌脲（扑海因）可湿性粉剂 1 000 倍液，或用 50% 多菌灵可湿性粉剂 500 倍液喷雾，隔 7 d 喷 1 次，连续防治 2～3 次。

2. 主要虫害防治

（1）菜粉蝶：又称白粉蝶，幼虫称菜青虫。是贵州常发性害虫，主要危害白菜、甘蓝、花柳菜、萝卜等十字花科蔬菜。

危害特点：菜粉蝶以幼虫为害白菜。1～2 龄幼虫只啃食叶肉，留下一层透明的表皮；3 龄以上的幼虫啃食整个叶片，啃成孔洞或缺刻，严重时只剩下叶脉和叶柄。造成大量伤口，有利于软腐病菌侵入，引起软腐病的流行。由于产卵量大，幼虫发生密集，多代发生，使蔬菜受害严重。

发生条件：菜粉蝶以蛹在菜地周围树干、墙壁、杂草残株等处越冬，翌年 3—4 月开始羽化。发育最适温度为 20～25 ℃，相对湿度 75% 左右。因此春、秋两季正是发生高峰。

药剂防治：在幼虫孵化期和成虫盛期进行防治。选用 1.8% 的阿维菌素 2 000～3 000 倍液，或用高效 Bt 8 000 IU/mg 可湿性粉剂 600 倍液，或用 2.5% 溴氢菊酯乳油 3 000 倍液，或用 20% 灭幼脲 1 号（除虫脲）800 倍液，或用 5.7% 氟氯氰菊酯乳油 1 000～2 000 倍液防治。

（2）菜螟：又叫钻心虫、菜心螟等，是一种钻蛀性害虫，是贵州常发性害虫，它危害萝卜、白菜、甘蓝、花椰菜等十字花科蔬菜。

危害特点：以幼虫危害大白菜心叶，严重时将心叶吃光，并在心叶中排泄粪便，使之不能正常结球。3 龄幼虫还可从心叶向下钻蛀茎髓，形成隧道，甚至钻食根部，使根部腐烂。

发生条件：菜螟以老熟幼虫在土中越冬，少数以蛹越冬，成虫夜出，有趋光性。菜螟适于高温低湿环境，适宜的温度为 30 ℃左右、空气湿度为 50%～60%。

药剂防治：在幼虫孵化期和成虫盛期进行药剂防治。所用药剂同菜粉蝶。

（3）菜蛾：又叫小菜蛾、吊丝鬼。是贵州常发性害虫。主要危害白菜、甘蓝、花椰菜等十字花科蔬菜。

危害特点：1～2 龄幼虫啃食叶肉。3～4 龄将叶片啃食成孔洞，严重时呈网状或只剩叶脉，常集中为害幼苗心叶，也为害种株嫩茎及嫩荚。

发生条件：在贵州一年可发生 10 余代，世代重叠严重。菜蛾发育最适温度为 20～25 ℃，相对湿度 50%～75%，成虫夜出，有趋光和远距离迁飞性，春、秋两季是发生高峰。

药剂防治：在幼虫孵化期和成虫盛期进行防治。选用 1.8% 的阿维菌素 2 000～3 000 倍液，或用 5% 氟啶脲（抑太保）乳油 1 500 倍液，或用 5.7% 氟氯氰菊酯乳油 1 000～2 000 倍液，或用 2.5% 功夫菊酯乳油 2 500 倍液，交替使用，进行防治。

（4）斜纹夜蛾：是贵州常发性害虫。主要危害白菜、甘蓝、花椰菜等十字花科蔬菜及大葱、洋葱等百合科蔬菜。

危害特点：以幼虫危害大白菜，具有间歇性猖獗危害特点，大发生时可将全田啃成光秆。

发生条件：斜纹夜蛾好湿喜温，抗寒力较弱，适宜发育温度 28～30 ℃，空气相对湿度 75%～85%。贵州 7—9 月为盛发期，特别是铜仁市、黔南州、黔西南州、黔东南州低海拔地区为害最重。

药剂防治：在 1～2 龄幼虫盛发期，选用 5% 氟啶脲（抑太保）乳油 1 500 倍液～2 000 倍液，或用 1.8% 阿维菌素乳油 2 500 倍液，或用 10% 高效氯氰菊酯乳油 1 500 倍液，交替使用。幼虫有昼伏夜出特性，防治上实行傍晚喷药。

（5）甘蓝夜蛾：

危害特点：幼虫食叶，4～6 龄幼虫夜出暴食为害，严重时只剩叶脉，也可钻入叶球为害，造成叶球腐烂。

发生条件：甘蓝夜蛾喜湿及较低温度，贵州在雨水较多而气温较低的秋季发生严重。具有间歇性及局部成灾的特点。

药剂防治：用 1.8% 阿维菌素乳油 2 500 倍液，或用 4.5% 高效氟氯氰菊酯乳油 2 000 倍液，或用 10% 高效氯氰菊酯乳油 1 500 倍液交替防治。

（6）黄曲条跳甲：贵州常发性害虫，危害白菜、萝卜、甘蓝、花椰菜等十字花科蔬菜。

危害特点：成虫食叶成稠密的小孔洞，幼虫只危害菜根，咬断须根。苗期危害最重，并可传播软腐病。成虫喜跳跃，高温时还能飞翔，有趋光性、趋嫩性和趋黄色习性。

药剂防治：90% 敌百虫 1 000 倍液，或用 50% 马拉硫磷乳油 800 倍液，或用 2.5% 溴氢菊酯乳油 3 000 倍液喷雾防治成虫，浇根防治幼虫。

（7）蚜虫：危害白菜的蚜虫主要是萝卜蚜、桃蚜。常混合发生，重生多代。

危害特点：成、若蚜群集叶片吸食汁液，造成叶片卷缩，分泌蜜露诱发霉污病和传播病毒病，有翅蚜有迁飞习性，对银灰色有负趋性，对黄色有正趋性。

发生条件：萝卜蚜较耐高温，桃蚜较耐低温。贵州中、高海拔地区春末夏初及秋季发生严重，而低海拔地区春、秋季及秋末冬初均发生严重。

药剂防治：用 50% 抗蚜威（辟蚜雾）可湿性粉剂 1 500 倍液，或用 10% 吡虫啉（大功臣）可湿性粉剂 1 500 倍液，或用 20% 灭扫利乳油 2 000 倍液，或用 2.5% 功夫（三氟氯氰菊酯）乳油 2 500 倍液等交替喷雾防治。

六、采收与留种

大白菜在气温连续 3 d 以上在 -5 ℃时会受到冻害。贵州正常年景西部高海拔少部分地区，越冬大白菜会受冻，应在冻害之前进行采收。当收获时遇到轻度冻害的，可暂不收获，等天气转暖，叶片恢复原来状态时再采收，春大白菜及夏秋大白菜生长较快，一般定植后 40～50 d 就可成熟，要及时采收，不要延误。大白菜留种有母株留种、半成株留种、小株留种三种方法。母株留种是在秋冬季选择结球紧实，符合原品种特征，生长健壮，无病虫植株，连根拔起，在叶球基部以上约 11 cm 处向上斜削成楔形，按 70 cm 行距，50 cm 株距，集中栽植在留种地中，次年开花结荚收种。这种方法，种子产量较低，但可对植株性状进行鉴定选择，适合用于原种的繁殖。半成株留种，贵州一般在 9 月下旬至 10 月下旬播种，高海拔地区 9 月中旬播种，冬前刚包心时，将苗拔起，切去上半段叶片，栽植于留种地，次年开花结荚收种。这种方法，种子产量比母株留种的高一些，但只能鉴定部分植株性状。小株留种，贵州一般在 10 月下旬至 11 月上中旬播种，高海拔地区在 10 月中旬播种，4～6 片叶移栽在留种地，或者在留种地直播，开花结荚后收种。小株留种种子产量高，但因无法对植株性状作鉴定选择，如连续采用小株留种，就会发生品种退化，为保证品种的种性，提高留种产量，可采用"母株选种，小株留种"的方法，即用母株留种，生产原种，再用原种进行小株留种，繁殖生产用种。

留种地的管理：大白菜是天然异花授粉作物，留种时要与芸薹种中其他亚种、变种、品种间及白菜型、芥菜型油菜间相隔 2 000 m 以上。留种株移栽时，要淋足水，抽薹期少浇，促进根系生长和孕蕾，防止地上部生长过快。开花始期 667 m² 施 10 kg 尿素、5 kg 硫酸钾，促进分枝发生和生长，并充分浇水。结荚期要肥水充足，谢花后 667 m² 施三元复合肥 12 kg。结荚末期控制水分，防止贪青现象。当 85% 果荚枯黄时进行收割，宜在早晨露水干后进行，不易裂荚。以后晒干脱粒。

第三节　贵州大白菜春季错季栽培技术

贵州大白菜春季错季栽培分为冬春错季栽培和春夏错季栽培。春夏错季栽培主要是露地地膜覆盖栽培和地膜加小拱棚栽培。冬春错季栽培一般于晚秋至初冬播种，翌年 3 月初至 3 月底采收。春夏错季栽培一般于元月中旬至 3 月中旬播种，4 月上旬至 6 月初采收。这时段，正季大白菜已抽薹开花，夏秋错季大白菜还未上市，错季早熟果菜类蔬菜也未大量上市，正值大白菜淡季，也是蔬菜春淡季节，故春季错季大白菜生产有重要意义。近年来贵州春季大白菜栽培，因品种选育及栽培技术上有重大突破，促进了生产的快速发展。2018 年种植面积约 30 万亩，为缓解春淡季蔬菜供应，产生了很好的作用。

一、贵州大白菜春季错季栽培中容易出现的问题

大白菜的生长特性是在生长前期需要较高的温度条件，后期则需要温和冷凉的条件。栽培要经历冬春之交和春夏之交，日平均气温 10～22 ℃的时间很短，特别贵州是立体气候，春季倒春寒较严重，气候变化较大，大白菜晚秋播种或春季播种均易发生先期抽薹而不易结球。

（一）易先期抽薹而不易结球

大白菜种子萌动后，在 10 ℃以下低温，经过 10～20 d，就可通过春化阶段，中、后期日照增长，通过了光照阶段，加之气温逐渐提高，正适合大白菜生殖生长，则容易抽薹难形成叶球。生产中因播种过早，育苗方式不当，品种选择不对，出现先期抽薹的情况时有发生，严重影响了产量。

（二）包心不紧实或不包心

如播种期过晚或选用品种不恰当，包心期正遇高温或干旱，生长势差，呼吸作用增强，同化作用减弱，养分消耗多，造成包心不紧实甚至不包心，影响产量和品质。

（三）生长后期病害稍重

贵州中高海拔地区，春大白菜生长后期，春雨来临，随着气温由低到高，这时大白菜进入结球期，雨天引起田间湿度大，特别是用稻田种植的，排水又不好的地方，霜霉病、白斑病、黑斑病、软腐病等，病害发生较重，如不及时防治，影响产量和品质。

二、贵州大白菜冬春错季栽培技术

冬春大白菜栽培中突出的问题是：品种选择不对，易出现先期抽薹现象，严重影响产量；播种期过晚，也易出现先期抽薹现象，或造成包心不紧实甚至不包心，影响产量及品质。针对栽培中易出现的问题，应掌握好关键技术：选用抗寒耐抽薹品种，适时播种、移栽，防止先期抽薹及不易包心或包心不紧实。栽培技术要点如下。

（一）选择适宜的品种

应选择抗寒、耐抽薹很强，结球率较高的早、中、晚熟品种，如黔白5号、黔白8号、黔白9号、黔白10号、迟白2号。

（二）适时播种、定植

冬春错季大白菜栽培，对播种期及定植期要求较严格，播种、定植过早，生长期过长、占地时间长；播种、定植过晚，易先期抽薹，或结球不紧实，影响产量。根据多年试验、示范结果，贵州冬春错季大白菜适宜的播种、定植期如下：

海拔750 m以下，1月平均气温大于8 ℃地区，10月下旬至11月中旬播种、育苗，3月采收。

海拔750～1 000 m，1月平均气温5.5～7.2 ℃地区，10月中旬至11月初播种、育苗，3月采收。

海拔1 000～1 400 m，1月平均气温3.5～5.5 ℃地区，10月上旬至10月中旬播种、育苗，3月采收。

海拔1 400～1 800 m，1月平均气温2.4～3.5 ℃地区，10月初至10月中上旬播种、育苗，3月采收。

海拔1 800～2 300 m，1月平均气温1.7～2.4 ℃地区，9月上旬至9月中旬播种、育苗，3月至4月上旬采收。

育苗移栽的，均采用小拱棚育苗，幼苗生长前期，如温度较高时，拱棚上要盖遮阳网。

（三）整地开厢及合理密植

在定植前，清洁田园，深翻碎土。因冬春大白菜生育期较长的特点，需施足底肥，每 667 m² 均匀施入 2 500～3 000 kg 腐熟农家肥和 50 kg 复合肥，然后开厢作畦。稻田栽培，100 cm 的厢宽栽 3 行或 130 cm 厢宽栽 4 行；旱地栽培，还可以作 170 cm 厢宽栽 5 行或 200 cm 宽栽 6 行。一般行株距（33～36 cm）×（33～36 cm），每 667 m² 栽 4 000～5 500 株。

（四）生长期肥水管理

冬春大白菜生长期，要在施足底肥的基础上，合理追肥，在直播定苗或移栽成活后施一次腐熟清淡粪水或沼液，或每 667 m² 施 6 kg 尿素进行提苗，莲座期结合浇水每 667 m² 施尿素 14 kg，开始包心时，结合浇水每 667 m² 施复合肥 17 kg，结球中期结合浇水，每 667 m² 施尿素约 10 kg，结球前期、中期叶面喷施 0.2% 的磷酸二氢钾 2 次。要及时采收，收获期拖延久了，要抽薹，也易感黑、白斑病及软腐病。

（五）病虫害防治

贵州冬春大白菜生长前期、中期病虫害很少，主要有黄曲条跳甲、蚜虫为害；生长后期病虫害逐渐加重，主要是霜霉病、黑斑病、白斑病、软腐病、蚜虫等，要在农业综合防治的同时适时进行药剂防治。药剂防治：参见正季栽培病虫害药剂防治。

三、贵州大白菜春夏错季露地地膜覆盖栽培技术

针对春季大白菜栽培中易出现的问题，应掌握好关键技术：选用耐抽薹品种，采用科学的育苗方式，适时播种、移栽，促进营养生长，采用地膜覆盖栽培，防止先期抽薹及不易包心或包心紧实。栽培技术要点如下。

（一）选择适宜的品种

因春夏大白菜适宜的生长期较短，必须选择生长期较短、耐抽薹、包心较早、结球率较高，耐寒、抗病的早熟、中早熟品种，如黔白 5 号、黔白 9 号、黔白 8 号、黔白 10 号、迟白 2 号、春大将、韩国四季王等。

（二）严格掌握播种期、定植期

春夏大白菜对播种期及定植期要求很严格，播种过早，在日平均气温低于 13 ℃时播种，大白菜易在低温下通过春化阶段而先期抽薹开花；但播

种过晚，虽不会抽薹，但结球期处于高温下，造成结球不坚实，且上市期到6月中旬以后，贵州夏秋反季节大白菜上市了，价格就会下降，影响经济效益。定植期的确定也是同样的道理。因此生产中要根据当地历年来1月至4月气温变化的规律及当时气象预报，确定播种期及定植期。根据多年试验、示范结果，贵州春夏大白菜适宜的播种、定植期如下：

海拔 750 m 以下，1 月平均气温大于 8 ℃，元月中旬至 2 月中旬播种，大棚育苗，3 月初至 3 月中旬地膜移栽，4 月上旬至 4 月底采收。

海拔 750～1 000 m，1 月平均气温 5.5～7.2 ℃，2 月初至 2 月下旬播种，大棚育苗，3 月中旬至 3 月下旬地膜移栽，4 月中旬至 5 月上旬采收。

海拔 1 000～1 400 m，1 月平均气温 3.5～5.5 ℃，2 月中旬至 2 月底播种，大棚加小拱棚育苗，3 月下旬至 3 月底地膜移栽，5 月初至 5 月中旬采收。

海拔 1 400～1 800 m，1 月平均气温 2.4～3.5 ℃，3 月初至 3 月中旬大棚加小拱棚育苗，4 月初至 4 月中旬地膜移栽，5 月中下旬至 6 月初采收。

海拔 1 800～2 300 m，1 月平均气温 1.7～2.4 ℃，3 月中旬至 3 月底，大棚加小拱棚育苗，4 月中下旬至 4 月底定植，5 月下旬至 6 月上旬采收。

（三）科学育苗

1. 育苗方法

在贵州，春夏大白菜栽培，普遍采用育苗移栽方法，这样便于苗期温度管理，可防止先期抽薹，对早春因低温阴雨，适时播种有困难，或前作收获与适期播种发生冲突的，也需要采用育苗移栽的方法，贵州春夏大白菜育苗采用大棚、小拱棚或大棚加小拱棚育苗方式（表 11-1）。

表 11-1 贵州春夏大白菜育苗方法

1 月平均温	育苗方法
7.6～10.7 ℃	大棚或小拱棚育苗
3.8～7.6 ℃	大棚加小拱棚育苗或大棚育苗
1.7～3.8 ℃	大棚加小拱棚育苗

为缩短幼苗移栽后的缓苗期，最好采用护根措施育苗。一般有营养钵育苗、营养球育苗、营养盘育苗、营养土块育苗及营养纸袋育苗等，可因地制宜选用。育苗床应选在排水良好、前茬作物不是十字花科蔬菜的地块。苗床宽度一般为 1～1.5 m，做厢时，床面要平坦，否则易积水发病。播种时不要过密，防止出苗后产生挤苗，也可以减少猝倒病发生。

2. 苗期管理

苗期管理主要是控制好温度。春夏大白菜播种育苗期正值冬春交替低温季节，要严格按照大白菜生理特性控制好温度，移栽前整个幼苗期，棚内温度要保持在 11 ℃以上。播种后到出苗，应控制较高温度，以利于快出苗、出得齐。出苗后，进行通风、降温，棚内温度白天控制在 12～21 ℃，夜间 11～15 ℃，最低不能低于 11 ℃，低于 11 ℃时要加盖稻草帘或双层薄膜覆盖增加温度。棚内高于 21 ℃时适当通风，以防幼苗徒长。幼苗通风一般在每天 11：00 以后至 16：00 前进行，如发现叶片萎蔫时应喷水并停止通风，恢复正常后再炼苗。炼苗程度以通风时叶片不萎蔫为度。定植前一星期，对幼苗进行锻炼，白天温度高于 12 ℃时可全部揭开小拱棚膜或大棚周边的农膜，使幼苗适应露地温度，这有利于减缓春化阶段的完成。育苗期应控制好水分，幼苗生长前期保持床土湿润，中期及后期，干湿交替管理，有利根系的生长发育。幼苗期注意防治蚜虫、霜霉病、猝倒病等病虫害。幼苗 4～5 片真叶时，进行定植，苗龄一般 30 d。

（四）精细整地开厢施底肥

前作收获后尽早深翻晒土，覆盖地膜前一定要将地整平整细，拣去土中的杂物，以免扎破地膜。贵州春夏白菜生长后期，雨水来临，所以用稻田种植的或地下水位较高的土块，以采用深沟高厢窄厢栽培为宜，一般厢沟深 17 cm，厢面宽 1～1.3 m，排水好的地块厢沟深 12 cm，厢面宽 1.7～2 m。春夏大白菜生育期短，原则上采用一促到底的施肥方法，底肥量占施肥总量的 60%，每亩施腐熟有机肥 1 500 kg 左右，氮磷钾复合肥 30 kg。

（五）覆盖地膜

春夏大白菜定植后正是春季地温较低的时期。为了提高地温，节水保苗，提早育苗，贵州普遍采用地膜覆盖栽培，覆盖地膜后可提高地温 2～4 ℃，可以有效减少大白菜早期抽薹率，同时也可减少田间杂草危害，并能降低后期田间地温，有利于形成紧实的叶球，还可以提早 5～6 d 成熟。贵州省农业科学院园艺研究所 20 世纪 80 年代末研究成功了改良地膜覆盖栽培技术：在整地开厢后打窝。窝深 3～4 寸（1 寸≈3.33 cm），施入底肥并与泥土拌匀，然后直播种子或定植秧苗，淋水盖膜。厢面与窝底距离 8～10 cm。一般秧苗长到 4～6 片真叶顶住地膜时，在正对秧苗的地膜上剪 3～4 cm 口子，待外界气温合适时掏苗出膜，再用泥土将窝填平成浅窝，最后用泥土封住膜口，以后管理与普通地膜覆盖栽培法相同。这种改良深窝地膜覆盖栽培法的优点是可以提前播种或定植，幼苗可在窝内多生长一段时间，掏苗出地膜时间要晚，与普通地膜栽培法相比，可提早直播或定植期 12 d 左右，成熟期提早 5～7 d，又有防寒保温作用。在春大白菜栽培中应用，大白菜先期抽薹率又较普通地膜栽培的减少 8% 左右。2008 年贵州遭受 60 年未遇的低温凝冻天气。据贵州省农业科学院园艺研究所调查，龙里县 2 月初气温降至-6 ℃，持续 3 d。普通地膜覆盖栽培的大白菜，当时掏出地膜的幼苗全部冻死，而采用深窝地膜覆盖栽培的大白菜，因幼苗还在地膜内，98% 的幼苗均未冻死，只是发黄。低温凝冻天气过后，气温上升，掏苗出地膜，追施一次清淡肥料，幼苗全部转青，正常生长。目前深窝地膜覆盖栽培方法已在贵州多种蔬菜春季栽培中广泛应用，取得很好的成效。

（六）合理密植

春夏大白菜多用早熟、中早熟品种，生长期较短，比秋冬正季大白菜植株小，所需土地面积相应也较小，应适当密植，提高产量。合理密植原则是叶面积的生长能最大程度地利用光照，达到丰产丰收。在贵州用稻田种植的密度一般行距 35～40 cm，株距 34 cm，每 667 m^2 栽 4 000～4 200 株。用土种植的密度一般为行距 33～35 cm，株距 33 cm，每 667 m^2 栽 4 700～5 000 株。尽量选在晴天中午前后定植。栽深了影响秧苗生长；栽浅了，移栽的秧苗暴露在外时间长了，或不及时淋水，会引起秧苗萎蔫，使缓苗期延长，由于移栽前苗床已淋足水，移栽地块地膜下土壤水分也较适宜，所以移栽时适当淋点定根水即可。

（七）肥水管理，及时采收

春夏大白菜水肥管理要以促为主，促进营养生长，抑制生殖生长，以获得大的叶球，水肥结合。移栽成活后施一次清淡腐熟清粪水或沼液或每 667 m^2 用尿素或硫酸铵 5～6 kg 对水浇施提苗；莲座期每 667 m^2 追施尿素 10～15 kg。因春夏大白菜生育期较短的特点，在结球前期要加强肥水管理，争取较早形成叶球和加快叶球包心充实，以使在大白菜淡季 4～5 月上市。在结球前期每 667 m^2 施尿素或硫酸铵 15～20 kg，叶面喷施 0.2% 的磷酸二氢钾 1～2 次。为争取较好的价格，应尽量早采收。收获期不宜拖延过久，以免易感软腐病及黑、白斑病而造成减产，收获后注意及时清除旧膜，防止白色污染。

（八）病虫害防治

贵州春夏大白菜生长前期和中期病虫害很少，但有黄曲条跳甲、蚜虫、菜青虫、小菜蛾等害虫轻度危害；生长后期病虫害逐渐加重，主要是霜霉病、黑斑病、白斑病、蚜虫、菜青虫、小菜蛾、斜纹夜蛾等，要及时采取措施防治。防治方法参见本章第二节（五、田间管理）中的病虫害防治。

四、贵州大白菜春夏错季地膜加小拱棚栽培技术要点

地膜加小拱棚栽培，是在地膜覆盖的厢面上，再搭盖一个小拱棚，小拱棚是用塑料薄膜或地膜和竹片等作支架材料做成的低矮圆拱形小棚。是临时性的保温覆盖设施。地膜加小拱棚栽培能提早播种期、定植期，可提早上市期15～20 d。春夏白菜栽培还可避免先期抽薹，故经济效益显著。同时建造容易，不永久占地，取材方便，便于轮作，深受菜农欢迎，贵州在冬春反季节果菜类蔬菜早熟栽培及春夏大白菜栽培中已大面积推广运用。

（一）小拱棚搭建

小拱棚的支架材料一般用竹片、细竹竿、巴毛杆。把支架材料弯成圆拱形，中部高50 cm左右，跨度1.5 m左右，两端插入厢两边，深20 cm左右，支架间距为67 cm左右，棚长一般10～15m。小拱棚覆盖的塑料薄膜或地膜多采取在小棚的四周拉浅沟，把薄膜边埋入土中，以防被风吹开。

（二）栽培技术要点

贵州地膜加小拱棚栽培春夏大白菜，播种期和定植期可比上述地膜覆盖栽培的分别提早5～7 d。当地膜下幼苗破膜掏出地膜后，或从地膜上定植秧苗后，淋少许水，在幼苗根部用土压实地膜，以防热气沿破口处散出时烤苗。之后及时搭小拱棚、盖膜。小拱棚支架高矮要一致，棚膜要拉紧，以免造成拱形凹凸不平，棚顶积水，降低抗风能力。在定植后的第6天左右检查秧苗是否成活，如有死苗，应及时补苗，浇水后再密闭小拱棚。追肥、喷药宜在中午进行，喷药要待白菜叶上药液干后再盖小棚膜。生长前期，小拱棚基本上处于密闭状态。小拱棚内夜间温度不低于13 ℃。大白菜团棵期后要进行通风，通风量大小、通风时间长短要根据天气情况、小棚内湿度大小，植株生长状况而定，温度高、湿度大、植株生长旺时通风量可大些，通风时间也长些，反之，温度低、湿度小、植株生长较慢、长势较差时，应减少通风量和通风时间。

第四节 贵州大白菜夏秋错季栽培技术

大白菜属半耐寒蔬菜，要求温和冷凉的气候条件，不耐炎热也不耐严寒。贵州为立体气候，海拔 1 100～2 300m 的地区，7 月平均气温 17.7～24 ℃，夏秋气候凉爽，适宜大白菜夏秋反季节栽培。2006 年贵州省园艺研究所在威宁县海拔 2 300 m 的草海镇试验、示范的夏秋错季大白菜，8 月上市，经专家田间测产，每 667 m² 产达 1 0006 kg，最大单株 6.5 kg，大面积单产达 9 000 kg 以上。

据贵州省农委 2017 年统计，全省年种植夏秋大白菜面积约 70 万亩，产品于 6 月中旬至 10 月下旬上市，除供应本省外，还经预冷处理后销往重庆、湖南、广东等省市，随着种植业结构调整，下步还将有较大的发展。

夏秋大白菜栽培中突出的问题是：品种选择不对，耐热、耐湿、抗病虫性差，严重影响产量；播种过早，也会发生先期抽薹现象；播种过晚，与正季大白菜同时上市，经济效益不好，失去反季节栽培意义；此外，这季栽培正值高温、雨季，病虫害要重些。针对栽培中易出现的问题，应掌握好关键技术：选用耐热、耐湿、抗病虫的品种；适时播种、定植，防止先期抽薹及不包心或包心不紧，加强病虫害综合防治。栽培技术要点如下。

一、选择适宜的品种

应选择耐热、耐湿、抗病虫的早、中、晚熟品种，如高抗王 -2 号、兴滇 1 号、兴滇 2 号、夏秋王、黔白 6 号、黔白 7 号、鲁白 6 号等。

二、适时播种、定植

适宜夏秋大白菜错季栽培的区域，主要分布在贵州 7 月平均温 24 ℃以下地区。不同海拔地区，播种期不同。随海拔增高，播种期推迟。

海拔 1 100～1 500 m 的地区，宜在 3 月底至 7 月底播种；海拔 1 500～1 900 m 的地区，宜在 4 月初至 7 月底播种；海拔 1 900～2 300 m 的地区，宜在 4 月上旬至 7 月下旬播种。海拔在 1 500 m 以上，如 4 月初至 4 月上旬播种的，应采用冬性强、不易抽薹的品种，如黔白 5 号、黔白 9 号、强势等，可于 6 月中旬至 6 月下旬收获；4 月中旬至 7 月底分批播种的，宜采用高抗王 -2 号、兴滇 1 号、兴滇 2 号、夏秋王、黔白 4 号等优质高产、抗热性强的品种，于 6 月下旬至 10 月下旬分批收获。

夏秋大白菜栽培，可采用直播或育苗移栽。育苗移栽的，播种后要注意搭棚遮阴保湿。夏季水分蒸发量大，出苗后一定要及时浇水，保持见干见湿，根据幼苗长势，可用腐熟清淡人畜粪水或沼液，或尿素施一次提苗肥，及时匀苗、间苗，注意防治蚜虫、黄条跳甲、霜霉病等。一般播种后 25～30 d 即可定植。定植要及时，过晚将影响成活率及产量。直播的出苗后要及时匀苗，5～6 片真叶时定苗，去掉弱苗和病苗，保留大苗和壮苗，缺苗时及时补播或补栽。

三、整地作厢，合理密植

在播种或定植前，清洁田园，深翻碎土，然后开厢作畦。每 667 m² 窝施或沟施 2 000～2 500 kg 腐熟农家肥和 40～50 kg 复合肥，然后播种或定植。因夏秋反季节大白菜生长期雨水较多，稻田栽培，以高畦窄厢为宜，1m 的厢宽栽 3 行或 1.3 m 厢宽栽 4 行，一般厢沟宽 33 cm，厢沟深 20 cm 左右（排水较差的田块应适当加深），以利于排水，减少病害发生。旱地栽培，可以作 1.3 m 厢宽栽 4 行，1.7 m 厢宽栽 5 行或 2.0 m 厢宽栽 6 行，厢沟深 14 cm 左右。一般行株距（33～36 cm）×（33～36 cm），每 667 m² 栽 3 560～5 000 株。大株型品种行株距 36 cm×36 cm，每 667 m² 栽 3 300～4 000 株。

四、生长期肥水管理及采收

夏秋大白菜生长期，要在施足底肥的基础上，结合浇水合理追施。直播定苗或育苗定植成活后，施一次腐熟清淡人畜粪水或沼液或尿素（5～6 kg/667 m²）提苗；莲座期生长迅速，施尿素 14～16 kg/667 m²；进入结球期后视植株长势追肥 1～2 次：开始包心时，结合浇水施复合肥 16 kg/667 m²，结球中期结合浇水，施尿素 8 kg/667 m²，结球前期、中期叶面喷施 0.2% 的磷酸二氢钾 1～2 次。

夏秋白菜的浇水要掌握勤浇浅浇，以降低地表温度，保持土壤湿润，采收前 1 周停止浇水，施肥浇水在傍晚进行为宜。夏秋大雨较多，大雨过后，要注意排水。排水不畅，渍水多，将促发病害。此外，还要防止暴雨淹苗埋心，暴雨过后要及时中耕松土。

夏秋大白菜叶球长成后要及时采收。采收不及时，容易发生软腐病，也会因成熟过度而裂球，影响食用价值和经济价值。收后不能用工业、生活废水及被污染的水源洗菜。远途运输，应于傍晚或清晨收获，待气温下降后于下半夜装车运输，或置于冷库经预冷处理后再装车运输。

五、病虫害防治

夏秋大白菜生长期正值高温、雨季，病虫害要比正季大白菜及春季反季节大白菜重些。虫害有黄曲条跳甲、蚜虫、菜青虫、菜螟、小菜蛾等；病害主要有霜霉病、白斑病、黑斑病、软腐病、病毒病等。要采用种子、苗床消毒，培育壮苗，适时定植，搞好轮作，合理密植，及时排水，搞好田园清洁等农业综合防治措施基础上，适时进行药剂防治，参见正季栽培。

参考文献

赵大芹，李桂莲，李琴芬，等 . 2010. 贵州反季节无公害春大白菜栽培技术 [J]. 耕作与栽培（6）：53-54.

李桂莲，王天文，等 . 2006. 贵州夏秋反季节无公害栽培技术 [M]. 贵阳：贵州科学技术出版社 .

中国蔬菜栽培学 . 2009. 中国农业科学院蔬菜花卉研究所 [M]. 2 版 . 北京：中国农业出版社 .

（李桂莲　李琼芬　李锦康　杨　扬）

第十二章

贵州大白菜耕作制度

第一节　大白菜的合理轮作及间套作

在同一耕地上按一定年限轮换种植不同种类的蔬菜或其他作物叫轮作。合理轮作是白菜增产的重要措施，是实现白菜可持续生产的重要条件之一。合理轮作，包括白菜与蔬菜作物之间的轮作及白菜与水稻、玉米、薯类等大田作物的轮作。轮作可以避免土壤营养成分的偏耗，从而均衡地力，提高土壤有效养分，恢复土壤肥力，改善土壤理化特性。同时也可以有效防治病虫害。白菜生长期间，需要施用较多的肥料，当季根系吸收不完的肥料余留给下一季，对后作有较好的影响，与小麦相比，白菜消耗土壤营养相对较少，据贵州省园艺所调查，在种植条件大体一致条件下，一般水稻以白菜为前作的比以小麦为前作的增产 6% 左右。豆科作物有固氮作用，能增加土壤中氮素含量，安排为白菜的前作，有利于白菜产量的提高。轮作是防治病虫害有效而经济的方法，大蒜、大葱、香葱、韭菜等百合科葱蒜类蔬菜的分泌物有杀菌作用，也很适合作白菜前作。水旱轮作方式是典型的生态型耕作制度，在农区有很好的经济效益和生态效益，水稻可保证粮食安全，蔬菜可以增加农民收入。据调查，根肿病的发生在白菜连作 5 年后土壤中较快增长，而与水稻轮作至第二年就能降低到危害很轻的程度。在白菜菌核病严重的地区，如与水稻轮作，菌核在水淹 20 d 后就会死亡，大大减少危害，其他作物如玉米、马铃薯、红薯、芋头、烤烟等作物，因为它们不感染菌核病，都适宜与白菜轮作。而甘蓝、花菜、苤蓝、芥蓝、菜薹、紫菜薹等十字花科蔬菜及油菜大都是白菜病虫的寄主，白菜与它们轮作，病虫害就会显著增加。不同蔬菜要求的轮作年限不同，白菜与其他蔬菜及油菜的轮作最好间隔3～4年，与小麦、玉米、薯芋类作物轮作最好间隔2～3年，而与水稻轮作间隔半年即可以。

间作是同一块耕地上，两种或两种以上作物隔厢、隔行、隔株种植的一种耕作制度。套作是在一种作物生长后期，在行间或株间栽种另一种作物的耕作制度。与间作比较，套作时两种作物的共生期相对要短些。往往是在前作还未收获的生长中期或后期，在其行间或株间直播或移栽后作蔬菜。间套作是一种充分利用土地和气候资源，增加复种指数，提高单位面积产量，满足市场均衡供应的有效措施，它是适合贵州人多地少这一省情的耕作制度。但是，只有掌握各类蔬菜品种特征特性，科学选择间套作搭配的蔬菜种类和品种及大田作物种类，合理安排某一蔬菜品种适宜的生长期，避免作物之间争肥、争光、争水的矛盾。此外还需考虑各种蔬菜植株高度、大小，以及适宜的播种方法，各种蔬菜需要的营养元素等，才能有效利用光能、土壤肥力，充分利用空间和时间，以达到高产、稳产及优质的目的。例如：蔬菜种类不同、叶面积大小和着生方式不同，大白菜叶面宽大，莲座期向四面展开，需光量也大，特别适宜与向上直立生长而叶面积较小，需光量较小的香葱、分葱、韭菜等间作。例如：掌握不同蔬菜的生物学特征，将其安排在最适合于生长发育的时间进行间套作。贵州黔南地区近年来大面积推广辣椒套种春大白菜，春大白菜选择耐抽薹、开展度较小、较直立的"黔白5号"品种（贵州省农业科学院园艺研究所选育）于早春根据当地气温分别提早用小拱棚、大棚或大棚加小拱棚育苗，气温稳定在10℃以上时定植于露地、地膜覆盖栽培，辣椒根据当地气候及时育苗，适时套种在春白菜株间，既获得高产量、高产值的大白菜，又不影响辣椒正常生长、开花与结果。复合效益大大超过当地传统的辣椒单作的效益。

又如在套作中要解决光、热、水、肥矛盾时，也要注意不同蔬菜种类科学搭配，贵州大面积进行大白菜与夏秋糯玉米、夏秋四季豆、豇豆套作，在糯玉米将成熟前，在四季豆、豇豆生长的中后期，在其行间套进大白菜幼苗，利用玉米、四季豆、豇豆的遮阴，既提高白菜定植的成活率，又可降低地温减轻毒素病危害，从而增加白菜产量，增进了品质。

第二节　贵州大白菜主要轮作形式

一、稻田大白菜轮作形式

贵州中、低海拔地区主要是以中稻为主的一年两熟地区，低海拔热量充足的部分地区有一年三熟。水稻白菜的轮作方式主要有：水稻—正季白菜，错季早熟果菜类蔬菜—水稻—正季白菜，春夏错季白菜—水稻。根据《贵州反季节白菜栽培技术研究》指出：不同海拔地区水稻白菜轮作，在茬口衔接、品种选择、搭配等方面都不相同。

（一）低海拔地区水稻白菜轮作

在海拔 300～900 m 地区，1 月平均气温 4.6～10.7 ℃的地区；一般有一年两熟和一年三熟。

1. 海拔 300～600 m 地区

适宜错季早熟果菜类蔬菜（瓜类、豆类、茄果类）—水稻—正季白菜轮作一年三熟。茬口衔接是：茄果类蔬菜（番茄、辣椒、茄子）于头年 10—11 月播种，12 月底至翌年早春定植，4 月初至 6 月中旬采收。瓜类、豆类、蔬菜（南瓜、黄瓜、丝瓜、苦瓜、瓠瓜、豇豆、四季豆、嫩黄豆等）及糯玉米、甜玉米，1 月底至 3 月播种（直播或育苗），2 月至 3 月移栽，4 月初至 6 月中旬采收，均采用早熟或中早熟品种，地膜或地膜加小拱棚栽培。水稻 5 月下旬播种，采用早熟、中早熟或中熟品种 6 月下旬移栽，9 月下旬至 9 月底收获。白菜 8 月中旬至 9 月中上旬播种育苗，9 月中旬至 10 月中上旬定植，10 月底至 12 月中下旬收获，采用早熟、中熟、中晚熟品种。

2. 海拔 600～900 m 地区

适宜水稻—正季白菜轮作一年两熟。茬口衔接是：水稻 4 月上旬至 4 月底播种，选用晚熟品种，5 月初至 5 月底定植，8 月下旬至 9 月中旬成熟，白菜 8 月上旬至 9 月初播种育苗，9 月上旬至 9 月底定植，10 月下旬至 12 月下旬采收。

（二）中及中高海拔地区水稻白菜轮作

在海拔 900～1 400 m，1 月平均气温 3.7～6.4 ℃的地区。

1. 水稻—正季大白菜轮作

茬口衔接是：水稻4月上旬至4月中旬播种，5月上旬至5月中旬定植，9月中旬至10月上旬成熟，大白菜选用中熟、中晚熟或晚熟品种，8月下旬至9月中旬播种育苗，9月下旬至10月中旬定植，11月中旬至1月底采收。

2. 水稻—正季大白菜—叶用芥菜轮作

茬口衔接是：水稻选用早熟、中早熟品种，4月初至4月中旬播种，5月初至5月中旬移栽，9月中旬至10月上旬收获。大白菜选择早熟、中早熟品种，8月中旬至9月上旬播种育苗（或直播），9月下旬至10月中旬定植，10月底至11月底采收；10月初至10月底播种叶用芥菜（选用耐抽薹早熟品种），11月初至12月初定植，次年2月中旬至2月底采收。水稻—正季大白菜—叶用芥菜轮作，这种轮作模式的茬口衔接在某些年份比较紧张，不如低海拔地区宽松，如遇秋风秋雨绵绵，水稻成熟期延晚，后茬蔬菜的衔接就会出现紧张状况，因此中海拔地区水稻—大白菜—蔬菜品种的搭配时，在选择丰产性及品质好的基础上，要注意品种熟性的搭配，宜选择早熟、中早熟或中熟水稻品种，搭配早熟、中早熟大白菜品种再搭配早熟、中早熟另一蔬菜品种。同时要把好三季作物的播种期、移栽期及收获期，还应抓紧时间进行换茬土壤的翻耕、整地、开厢、施肥等工作，确保全年三季作物科学轮作，并取得较高的产量及效益。

二、旱地大白菜轮作形式

旱地大白菜轮作一般有一年两熟和一年三熟。

（一）低海拔地区大白菜轮作

在海拔400～900 m，1月平均气温6.4～10.1 ℃的地区。

1. 玉米—大白菜轮作

茬口衔接：玉米3月上旬至4月初播种，8月初至8月底收获；大白菜7月中旬至8月中上旬播种，8月中旬至9月中上旬定植，或进行直播，9月下旬至10月下旬采收。采用耐热、抗病品种。如'高抗王2号''黔白1号''黔白6号''夏秋王''兴滇1号'等。

2. 早熟鲜食糯玉米（甜玉米）—大白菜轮作

茬口衔接：玉米2月中旬至3月中旬用营养钵、营养坨、营养土块播种育苗，3月上旬至4月初移栽，5月下旬至6月下旬收获；大白菜5月中旬至 6 月中旬播种，6 月中上旬至 7 月中旬移栽，7 月下旬至 8 月底采收。采用耐热、抗病品种同上。

3. 鲜糯玉米（甜玉米）—大白菜—叶用芥菜（萝卜）轮作

茬口衔接：糯玉米 2 月中旬至 3 月中旬用营养钵、营养坨、营养土块，小拱棚播种育苗，3 月上旬至 4 月初移栽，5 月下旬至 6 月下旬收获；大白菜 5 月初至 6 月中旬播种，6 月初至 7 月中旬移栽，7 月下旬至 8 月底采收；叶用芥菜 8 月上旬至 8 月下旬播种育苗，9 月上旬至 9 月下旬移栽，翌年 2 月初至 2 月底采收；萝卜 8 月上旬至 9 月中旬直播，10 月上旬至 12 月底采收。

（二）中及中高海拔地区大白菜轮作

在海拔 900～1 400 m，1 月平均气温 3.7～6.4 ℃的地区。

1. 玉米—大白菜轮作

茬口衔接：玉米 3 月中旬至 4 月中旬播种，7 月下旬至 9 月中上旬收获；大白菜 7 月上旬至 8 月下旬播种、育苗或直播，8 月上旬至 9 月下旬定植，9 月中旬至翌年 1 月中旬采收。

2. 夏秋鲜糯玉米（甜玉米）—大白菜轮作

茬口衔接：玉米 5 月下旬至 6 月下旬用营养钵、营养坨、营养土块播种育苗，6 月中旬至 7 月中旬定植，9 月上旬至 10 月上旬收获。大白菜 8 月中旬至 9 月中旬播种、育苗或直播，9 月中旬至 10 月中旬移栽，10 月底至翌年 1 月底收获。

3. 马铃薯—大白菜轮作

茬口衔接：马铃薯头年 11 月至翌年 1 月播种，5 月中旬至 6 月底收获；大白菜 6 月上旬至 6 月底播种，7 月上旬至 7 月底移栽，8 月中旬至 9 月下旬采收。采用耐热、抗病品种，如'兴滇 1 号''兴滇 2 号''夏秋王''高抗王 2 号'。

（三）高海拔地区大白菜轮作

在海拔 1 500～2 300 m，1 月平均温 2～3.4 ℃地区，马铃薯与大白菜轮作模式，其茬口衔接是：马铃薯 2 月初至 3 月初播种，采用早熟、中早熟品种，5 月中下旬至 9 月上旬收获；大白菜 9 月上旬至 9 月中旬初直播，采用耐抽薹、耐寒品种，如'黔白 5 号''黔白 9 号''韩国强势'等。次年 3 月上旬至 3 月下旬采收。

第三节　贵州大白菜主要间套作形式

一、粮食大白菜间套作

在贵州大白菜与玉米、马铃薯等粮食作物间套作是常见的耕作制度。近年来，在农区发展较快，但应注意根据当地自然条件和各种作物的生物学特性及市场的需求，安排好大白菜间套的时段，掌握适宜的播种期及移栽期，以求获得最好的经济效益。

（一）玉米间套大白菜

1月平均温 6.4～10.7 ℃的低海拔地区，玉米间套大白菜：玉米 3 月上旬至 3 月下旬直播，7 月中旬至 8 月上旬收获。玉米采用宽窄行种植，2 m 开厢，种植 2 行玉米，每窝定苗 2 株的，行株距为 50 cm×50 cm；每窝定苗 1 株的行株距为 50 cm×25 cm，玉米产量与单作玉米相当，450～500 kg/亩。在宽行中套种大白菜，大白菜 2 月中旬至 3 月初用小拱棚或大棚播种育苗，采用耐抽薹品种，3 月中下旬至 4 月初移栽，行株距 33 cm×36 cm，4 月中旬至 5 月上旬采收，3 000～3 500 kg/亩。

1月平均温 3.4～6.4 ℃的中及中高海拔地区，玉米 3 月下旬至 4 月中旬播种，采用宽窄行种植，种植方式、密度与低热地区相同，产量与之相当，8 月下旬至 9 月初收获。在宽行中套种白菜，大白菜 2 月底至 3 月中旬用小拱棚或大棚播种育苗，采用耐抽薹品种，3 月底至 4 月中旬移栽，行株距 33 cm×36 cm，5 月初至 5 月下旬采收，3 000～4 000 kg/亩。

1月平均温 1.7～3.4 ℃的高海拔地区，玉米 4 月中旬至 4 月下旬播种。采用宽窄行种植，9 月初至 10 月中旬收获。在宽行中套种白菜，大白菜 3 月上旬至 3 月下旬，用小拱棚或大棚播种育苗，采用耐抽薹品种，4 月上旬至 4 月下旬移栽，5 月中旬至 6 月初采收，3 000～5 000 kg/亩。高海拔的威宁县是贵州大白菜主产区，大白菜年种植面积约 10 万亩，60% 与玉米轮作；大约 40% 是与玉米隔厢间作。一般是隔 1～5 厢白菜分别间作玉米 5～20 行不等，玉米 3 月中旬至 4 月上旬播种，10 月收获。5 月下旬至 6 月初收获的春夏反季节大白菜，需选用耐抽薹品种，于 3 月 20 日至 3 月下旬地膜直播；而 6 月上旬至 10 月底收获的夏秋反季节大白菜，则是 4 月初至 8 月中旬直播，

6 000～9 000 kg/亩，最高达 10 000 kg/亩（图 12-1、图 12-2，见文前彩插）。

（二）马铃薯间套大白菜

1 月平均温 5～9.5 ℃地区，有马铃薯间套大白菜栽培：马铃薯 11 月下旬至翌年 1 月中旬播种，4 月下旬至 7 月中旬收获。大方、纳雍等县一般整地后开厢 2 m 宽，马铃薯进行双沟种植的，行株距为（40～50）cm×30 cm，马铃薯亩产量约 2 000 kg；余下厢宽 1.5～1.6 m，套种白菜 3 行，大白菜亩产量 6 000～7 000 kg，如马铃薯进行单沟种植的，开条 1.8 m 宽，行株距为 30 cm×30 cm，马铃薯亩产量约 1 600 kg，余下厢宽 1.5 m，也套种白菜 3 行，大白菜亩产量也有 6 000～7 000 kg。

二、烤烟大白菜间套作

在贵州烤烟种植区，近年来，贵州省农业科学院园艺研究所在大方县开始进行烤烟间套春大白菜种植试验，开厢 1.1 m 宽、种一行烤烟，烤烟 2 月中旬至下旬于大棚播种育苗，4 月下旬至 4 月底移栽，行株距 133 cm×50 cm。烤烟行间间套白菜：海拔 1 000～1 500 m，1 月平均温 4～5.5 ℃地区，大白菜 2 月下旬至 3 月中上旬用大棚或小拱棚播种育苗，选用耐抽薹品种，3 月下旬至 4 月中旬移栽，在烤烟行间套种二行，行株距 33 cm×40 cm，每 667 m² 间套 2 000 株左右，5 月初至 5 月下旬采收，667 m² 产量约 2 500 kg，在 5 月上市，正值大白菜淡季，也是蔬菜春淡季节，故价格较高，每 667 m² 产值可达 5 000 元左右，取得很好的经济、社会效益，又不影响烤烟的正常生长，也不影响它的产量及品质。

三、大白菜与其他蔬菜的间套作

在贵州大白菜与其他蔬菜相互间套作模式较多（图 12-3、图 12-4，见文前彩插），下面介绍几种面积大而效益好、前景好的间套作形式。

（一）大蒜间套冬春大白菜

贵州中、高海拔地区（海拔 1 000～2 300 m）常有大蒜与冬春大白菜隔厢间作栽培，大蒜 8 月初至 10 月初播种，一般厢宽 1m 种 7 行，行株距 16 cm×11 cm。4 月中旬至 5 月上旬收蒜薹，5 月初至 5 月底收大蒜头。大蒜头收后又复种鲜糯玉米，鲜糯玉米 5 月中旬至 6 月中旬播种，8 月底至 10 月初收获。大蒜品种选用毕节白蒜、麻江红蒜等，鲜糯玉米品种选用筑糯 2 号、遵糯 3 号、贵糯 768 等。

间作的冬春大白菜：海拔 1 000～1 400 m 地区，10 月中上旬至 10 月中旬播种，海拔高处早播，低处晚播，以下同。一般厢宽 1～1.4 m，种 3～4 行，行株距 33 cm×35 cm。3 月初至 3 月下旬采收，海拔 1 400～1 800 m 地区，9 月底至 10 月中上旬播种，3 月初至 3 月下旬采收。海拔 1 800～2 300 m 地区，9 月中旬至 9 月底播种，3 月初至 4 月初采收。品种用抗寒耐抽薹的'黔白 5 号''黔白 9 号''迟白 2 号'等。春大白菜收获后，又复种胡萝卜：采用抗寒耐抽薹的'日本黑田 5 寸''改良日本黑田 5 寸''北京红芯 4 号'等品种。进行条播或撒播，一般厢宽 1～1.4 m，海拔 1 400～1 800 m 地区，4 月中旬至 4 月底播种，7 月底至 8 月下旬采收。海拔 1 800～2 300 m 地区，4 月底至 5 月中旬播种，8 月中旬至 9 月中旬采收。

（二）春大白菜间套辣椒

贵州省辣椒年种植面积约 360 万亩，占贵州蔬菜种植面积 1/6 左右。种植方式除了一部分在幼龄果园、茶园间套作外，大部分为单作。为了提高单位面积产量和效益，增加农民收入，满足市场需求，近些年以来，在福泉、惠水、罗甸、大方、遵义红花岗区等不同海拔的乡（镇、区），在当地传统辣椒单作种植的基础上，开展了辣椒套种春大白菜栽培模式试验，探索出的这一高效种植模式既不影响辣椒产量，又净增加了春大白菜的产量，大大增加了单位面积效益和农民收入（图 12-5，见文前彩插）。

2017 年在全省推广 10 余万亩，比传统种植的单作辣椒每 667 m² 增加产值 5 000～6 000 元，套种的春大白菜于 4 月上旬至 5 月中旬大白菜淡季上市，鲜辣椒于 5 月底至 9 月底上市，干辣椒 8 月底至 9 月底采收，取得很好的经济、社会效益。经试验、示范，贵州适宜该套种模式种植的区域为海拔 1 500 m 以下，元月平均温 3.3 ℃以上地区。

海拔 300～600 m，1 月平均温 8.9～10.7 ℃地区，春大白菜 1 月中旬至 2 月上旬播种，小拱棚或大棚育苗，3 月初至 3 月中旬移栽最适宜，4 月上旬至 4 月底上市。辣椒上一年 10 月底至 11 月上旬播种，小拱棚或大棚育苗，2 月下旬至 3 月中旬移栽最适宜，4 月下旬至 6 月中旬收鲜椒。

海拔 600～850 m，1 月平均温 7.2～8.9 ℃地区，春白菜 2 月上旬至 2 月中旬播种，小拱棚或大棚育苗，3 月上旬至 3 月中旬移栽最适宜，4 月中上旬至 5 月初上市。辣椒 2 月初至 2 月上旬播种，小拱棚或大棚育苗，3 月底至 4 月初移栽最适宜，7 月初至 9 月中旬采收鲜椒。

海拔 850～1 100 m，1 月平均温 5～7.2 ℃地区，春白菜 2 月中旬至 2 月下旬播种，大棚育苗，3 月下旬至 4 月初移栽，4 月下旬至 5 月上旬采收。

辣椒2月中旬至2月下旬播种，大棚育苗，4月上旬至4月中旬移栽最适宜，7月中旬至9月中旬采收鲜椒。

海拔1 100～1 500 m，1月平均温3.3～5 ℃地区，春白菜2月下旬至3月上旬播种，大棚或大棚加小拱棚育苗，3月底至4月初移栽最适宜，5月初至5月中下旬上市。辣椒2月中下旬至3月中上旬大棚育苗，4月中旬至4月底移栽最适宜，7月中下旬至9月下旬采收。

大白菜必须选用特耐抽薹的'黔白5号''黔白9号'。辣椒选用'黔椒4号''辣丰3号''辛香4号''长辣7号''遵椒1号''遵椒2号'等。

辣椒套种春大白菜的方法：贵州辣椒传统单作种植一般是1 m厢宽栽2行辣椒，行株距50 cm×40 cm，每窝1株，667 m²栽3 000株。我们研究的套种方法是：在同一厢面上隔一株辣椒套种一株春大白菜，大白菜行株距为50 cm×40 cm，667 m²套种春大白菜3 000株，一般667 m²鲜辣椒收2 500～3 000 kg，干辣椒200 kg左右；667 m²产春大白菜3 500～4 000 kg。

（三）鲜食糯（甜）玉米套种春大白菜

贵州鲜食糯玉米年种植面积约30万亩，种植方式大部分为单作，部分地区在鲜糯玉米行间间套黄豆。

2012年以来，在贵州惠水县、罗甸县、平塘县、福泉市、都匀市、遵义红花岗区等地，在海拔300～1 600 m，1月平均温3～10.7 ℃的不同乡（镇），在当地鲜食糯（甜）玉米传统单作种植的基础上，进行了鲜糯（甜）玉米套种春大白菜种植模式试验、示范，探索出这一种植模式既不影响鲜糯（甜）玉米原有的产量，又净增了一季春大白菜收入，大大增加了单位面积效益和农民收入，2013年示范种植的1万余亩，比传统种植的单作鲜糯（甜）玉米每667 m²增加产值6 000～9 000元，比鲜糯（甜）玉米间套黄豆、667 m²增加产值5 000～6 000元。套种的春大白菜于4月上旬至5月下旬大白菜淡季上市，鲜糯（甜）玉米于6月上旬至7月初上市。

经试验、示范，贵州适宜鲜食糯玉米套种春大白菜这种高效种植模式的区域为海拔1 400 m以下，1月平均温4 ℃以上的地区。春大白菜、鲜糯（甜）玉米适时播种、移栽，采用科学的育苗方式，可以缩短二者共生期，使其相互影响降到最低，从而提高两者产量。根据贵州山区立体气候特点，结合市场需求，通过几年不同播期、移栽期、育苗方式试验，总结出春大白菜、鲜食糯甜玉米最适播种期、移栽期及育苗方式。

海拔300～600 m，1月平均温8.9～10.7 ℃地区，春大白菜1月中旬至2月上旬播种，大棚育苗，3月初至3月中旬移栽，4月上旬至4月底采收；

鲜糯（甜）玉米1月中旬至2月初播种，小拱棚或大棚育苗，1月底至2月中旬移栽，5月中旬至6月中旬上市。

海拔600～850 m，1月平均温7.2～8.9 ℃地区，春白菜2月上旬至2中旬播种，大棚育苗，3月中旬至3月下旬移栽，4月中旬至5月初上市；鲜糯玉米2月初至2月中旬播种，大棚育苗，2月中下旬至3月上旬移栽，6月中旬至6月下旬上市。

海拔850～1 100 m，1月平均温5～7.2 ℃地区，春白菜2月中旬至2月下旬播种，大棚育苗，3月下旬至4月初移栽，5月初至5月中旬上市；糯玉米2月中旬至3月上旬播种，小拱棚或大棚育苗，2月中下旬至3月中上旬移栽，6月下旬至7月初上市。

海拔1 100～1 500 m，1月平均温3.3～5 ℃地区，春白菜2月下旬至3月上旬播种，大棚或大棚加小拱棚育苗，3月底至4月初移栽，5月上旬至5月下旬上市；鲜糯（甜）玉米3月上旬至3月中旬播种，大棚或小拱棚育苗，3月底至4月上旬移栽，6月底至7月中旬上市。

鲜糯（甜）玉米套种春大白菜方法：平整土地后，开厢，厢宽一般60 cm，在厢面间开1尺宽的施肥沟，每亩沟施底肥1 500～2 000 kg腐熟农家肥和60 kg三元复合肥或50 kg过磷酸钙，玉米在厢面中间栽一行，定向移栽，株距19 cm，每667m²栽3 400株；白菜于厢面两边各种植两行，株距30 cm，不再施底肥，白菜与玉米行间距离为20 cm，每667 m²栽4 000株。糯玉米品种选用毕糯4号、贵糯768、遵糯4号、筑糯2号，甜玉米品种选用泰鲜甜1号、库普拉甜玉米等。春大白菜品种选用耐抽薹的'黔白5号''黔白9号''黔白10号'等（图12-6，见文前彩插）。

参考文献

潘德怀，潘泽宗，韦荣楷，等 . 2015. 早春大白菜—夏秋茄子—秋冬莴笋一年三熟高效种植模式 [J]. 长江蔬菜（4）：51-53.

裴承元，文林宏，李桂莲，等 . 2014. 辣椒套种春大白菜高效栽培模式 [J]. 中国园艺文摘（5）：170-172.

宋源，李桂莲，罗克明，等 . 2016. 鲜食糯玉米套种春大白菜复种秋菜豆高效种植模式 [J]. 中国蔬菜，1（2）：93-95.

文林宏，李琼芬，李桂莲，等 . 2015. 辣椒套种春大白菜复种莴笋高效栽培模式 [J]. 中国蔬菜，1（7）：82.

（李桂莲　孟平红　董恩省　朱子丹）